食品衛生法対応

はじめてのHACCP

実例でわかるHACCP制度化への対応

NPO法人食品安全ネットワーク[監修]　角野久史・米虫節夫[編著]
花野章二・佐古泰通・柳生麻実[著]

日科技連

まえがき

　読者のなかには、HACCP(Hazard Analysis and Critical Control Point：危害要因分析による必須管理点)管理による衛生管理について、「何か難しそうで、多額のお金も必要なようだ。まあ、大企業などに任せておけばいいだろう。自分(当社)にはまだまだ関係ないだろう」と思われている方がいるかもしれない。確かに、少し前まで中小零細の食品企業、または街の多くの飲食店などにとって「HACCPは遠いどこかのお話」だったのは事実である。

　しかし、2018年6月13日に「食品衛生法等の一部を改正する法律」が公布され、また、同日付けの厚生労働省の告示によってHACCP(ハサップ)が制度化されたことで状況が変わった。つまり、HACCPは日本国内で食品関連の業務にかかわるすべての「食品等事業者」が逃れられぬ、必ず対応せねばならない仕組みとなったのである。そのため、今後はすべての食品等事業者がHACCPに沿った衛生管理の仕組みをつくらなければならなくなった。

　このようにいうと「何か、ものすごいことになった」ように感じられるかもしれないが、実際には、決してそう難しいものでもない。それを確認するために、以下の2つの質問にYesかNoで回答してほしい。

　　質問①　皆さんの会社や店でつくられて、お客様に提供しているものは、お客様に喜ばれていますか？

　　質問②　皆さんの会社や店でつくられて、お客様に提供しているものに、毎日不良品が出たり、それを食して食中毒患者が出たことがありますか？

　質問①にYes、質問②にNoと自信をもって答えられた皆さん(の会社や店)ならば、本書を読み、少しの努力をするだけで、厚生労働省が

まえがき

要求しているHACCPに沿った衛生管理の仕組みをつくることができることを保証できる。なぜなら、上の2つの質問に合格した皆さん(の会社や店)が現在行っている作業は、皆さんの認識と関係なくHACCPに沿った衛生的な作業になっているからであり、現場で行っていることを厚生労働省が要求する形式で文書化し、それが本当に毎日行われていることを証明できるような記録を書いておくだけでよいからである。本書は、そのノウハウを提供している。

大きな書店に行くとHACCP関連の書籍が多く並んでいるが、それらの多くは厚生省(当時)が1995年に発表した日本版HACCP(総合衛生管理製造過程)に対応するもので内容的には古いといわざるをえず、また、そのほとんどは「HACCPの考え方を取り入れた衛生管理」に対応した内容が含まれてもいない。

2018年6月の改正食品衛生法および厚生労働省の告示によるHACCPの制度化によって、すべての「食品等事業者」は以下の2つのいずれかの取組みをせねばならなくなった。

❶ HACCPに基づく衛生管理
　Codex-HACCP 7原則に基づき、事業者自らが使用する原材料や製造方法などに応じ、計画を作成し、衛生管理を行う。

❷ HACCPの考え方を取り入れた衛生管理
　各業界団体が作成する手引書を参考に、簡略化されたアプローチによる衛生管理を行う。

本書では「HACCPに基づく衛生管理」および「HACCPの考え方を取り入れた衛生管理」の両者について解説しているので、これからHACCPに沿った衛生管理の仕組みを構築しようとするすべての食品等事業者にとって役に立つだろう。

なお、従来用いられていた「基準A」(「HACCPに基づく衛生管理」の略称)および「基準B」(「HACCPの考え方を取り入れた衛生管理」の略

称）という呼称は、2018年3月に「食品衛生法等の一部を改正する法律」法案提出時から公式に使用されなくなったので、本書もそれに合わせて正式名のみを用いている。

　本書の執筆陣は全員NPO法人食品安全ネットワークのメンバーであり、常に顔を合わせて食品の安全・安心などについて話し合っている。また、食品安全ネットワークは2005年以来「食品衛生7S」を提唱し、食品関連業界の衛生管理の普及・促進に尽力してきた組織でもある。

　「食品衛生7S」の詳細は全3巻となる『食の安全を究める食品衛生7S』(2006年、日科技連出版社)に詳しい。また、その実践事例については全10巻となる『食品衛生7S活用事例集1～6』(2009～2014年、日科技連出版社)および『食品衛生7S実践事例集7～10』(2015～2018年、鶏卵肉情報センター)が大いに参考になる。なお、実践事例集のいくつかの事例は、本書でも紹介されている。

　食品衛生7Sの内容は、HACCPの「一般衛生管理」とほぼ同じであるが、違いもある。食品衛生7Sは「どのようにするか」という手段を中心にまとめたものであるが、一般衛生管理は対象物を中心にまとめられたものである。そのため、両者を理解すれば、より簡単にHACCPに沿った衛生管理計画が立案できるだろう。

　現場で行われた事例を参考に、自分(の会社や店)にとって行いやすく、かつ効果の高い衛生管理計画をつくるべきである。そのとき、本書が役に立てば、著者としてこれ以上の喜びはない。

　最後に、本書は「NPO法人食品安全ネットワーク」の22年にわたる活動がなければ生まれることはなかった。その意味で、いつもお世話になっている会員諸氏に御礼を申し上げたい。また、本書の内容については、隔月で行っている「食の安全・安心講座：米虫塾」で何回か討論された内容も含まれている。これらの討議に参加された多くの方々に、深甚の謝意を表したい。また、本書の刊行は日科技連出版社の皆さん、特

まえがき

に出版部の鈴木兄宏部長と田中延志係長の協力なしには実現しなかった。ここに改めて深謝します。ありがとうございました。

 2018年11月

NPO法人食品安全ネットワーク
理事長 角野 久史
最高顧問 米虫 節夫

目　次

まえがき……………………………………………………………………………… iii

第1章　食品安全管理の歴史とHACCP制度化のねらい………………1
1.1　2018年6月のHACCPシステムに関する2大事案　*2*
1.2　食の安全・安心に関する世界の動き　*3*
1.3　モノの管理からHACCPによる工程管理へ　*8*
1.4　HACCPからISO 22000へ　*20*
1.5　日本における食品の安全・安心を求める動き　*26*
　　　第1章の参考文献　*38*

第2章　HACCPの土台である食品衛生7Sの構築……………………41
2.1　厚生労働省「食品製造におけるHACCP入門のための手引書」
　　　と食品衛生7S　*42*
2.2　食品衛生7S活動による改善事例　*45*
2.3　食品衛生7Sができていたら防ぐことのできた食品事故の事例　*60*
2.4　食品衛生7Sの導入方法　*68*
2.5　食品衛生7Sの効果　*72*
2.6　食品衛生7Sに実際に取り組んだ食品企業の生の声　*73*
2.7　食品衛生7SからHACCPへ　*77*
　　　第2章の参考文献　*77*

第3章　「HACCPに基づく衛生管理」構築のモデル………………79
3.1　HACCPの概要　*80*
3.2　「HACCPに基づく衛生管理」構築のためのキックオフ大会の
　　　開催（手順0）　*81*

vii

目　次

3.3　HACCPの7原則12手順（手順1～手順6）：事例1　　*82*
3.4　危害要因分析：事例1　　*89*
3.5　HACCPの7原則を事例1「たまごサンドイッチ」で見てみる　　*96*
3.6　HACCPの7原則12手順（手順1～手順6）：事例2　　*109*
第3章の参考文献　　*130*

第4章　「HACCPの考え方を取り入れた衛生管理」構築のモデル……**131**

4.1　HACCPの制度化に向けて実施する3つの事項　　*132*
4.2　衛生管理計画の文書化のポイント　　*134*
4.3　危険温度帯および冷却・加熱調理　　*135*
4.4　一般衛生管理のポイント　　*137*
4.5　重要管理のポイントの作成：飲食店向け　　*155*
4.6　重要管理のポイントの作成：小規模食品工場向け　　*171*
4.7　重要管理のポイントの作成：小規模な豆腐製造事業者向け　　*173*
4.8　重要管理のポイントの作成：小規模な惣菜製造事業者向け　　*178*
4.9　おわりに　　*183*
第4章の参考文献　　*183*

索　引……**185**

第 1 章

❖

食品安全管理の歴史とHACCP制度化のねらい

第1章 食品安全管理の歴史と HACCP 制度化のねらい

1.1 2018年6月のHACCPシステムに関する2大事案

2018(平成30)年6月は、食の安全・安心を保証する HACCP[1]システムに関係する大きな変更が2つも行われ、食品製造に関連の人々にとって忘れられない月になった。

(1) 「食品衛生法等の一部を改正する法律案」の公布

「食品衛生法等の一部を改正する法律案」が、国会を通過し、6月13日に公布された。この改正により、日本国内のすべての食品関連企業(食品等事業者)にとって、HACCPに沿った衛生管理が制度化されることになった。

この改正法は、法律の公布日から2年以内(つまり、2020年5月まで)に施行することになっている。また、本格的な導入に向けて施行後、さらに1年間の経過措置期間を設けている。そのため、時期的には、若干の余裕もあるが、やはりただちにHACCP対応を考えるべきであろう。

(2) ISO 22000：2018 規格の発行

HACCPをマネジメントシステムとして取り込んだISO 22000：2018規格が6月19日に発行された。この新しく発行されたISO 22000は、品

---

[1] Hazard Analysis and Critical Control Point(危害要因分析による必須管理点)の略称。「食品等事業者自らが食中毒菌汚染や異物混入等の危害要因(ハザード)を把握した上で、原材料の入荷から製品の出荷に至る全工程の中で、それらの危害要因を除去又は低減させるために特に重要な工程を管理し、製品の安全性を確保しようする衛生管理の手法」(厚生労働省Webページ)。

質マネジメントシステムなどとの整合性がとられ、その構成はISO 22000：2005規格と大きく変わっている。そのため、すでにISO 22000：2005の認証をとっている企業にとっては大きな改訂が必要になるだろう。その一方で、ISO 9001の認証を既にとっている企業にとっては、対応しやすい基準になったかもしれない。いずれにせよ、国際基準としてのISO 22000規格を無視することはできない。

1.2　食の安全・安心に関する世界の動き

(1)　微生物汚染対策こそ大事

　日本の食品工場の内部を見てみると、金属探知機やX線探知機などを用いて、金属異物や硬質物質の検出を製造工程中の必須管理点（Critical Control Point：CCP）として管理している。しかし、本当に食品の安全・安心を考えるとき、最も大事なのは食中毒菌などの微生物汚染対策ではないだろうか。

　食品中に金属片が混入したために1000人以上もの人が怪我をしたというような事例を筆者は寡聞にして知らない。しかし、微生物汚染によって千人単位、万人単位で食中毒患者が出た事例ならいくらでも挙げることができる。

　包丁が欠けた破片、機械装置のボルトやナットの混入、金網メッシュのコンベヤー片などが、製品中に異物として混入した場合、たしかに危害となるだろう。しかし、毎日の作業工程のなかで、あるいは終業時の点検で、包丁の欠けの有無や機械装置のボルトナットの欠損、金網メッシュの欠損などについては、きちんと点検することができるため、金属類の混入は防げる。もしも、就業時の点検で問題が発生すれば、その日の製品のみを隔離して再検討すればよいだけである。

筆者は金属探知機やX線探知機をCCPにする必要性に疑問を抱いているが、読者の皆さんはどのように思われるだろうか。食の安全・安心で最も大事なことは、食中毒の予防であり、そのための微生物汚染対策ではないだろうか(図1.1)。

(2) 食中毒予防3原則とその発展としてのFight Bac!

硬質異物の混入はその対策がはっきりしている一方で、微生物汚染や微生物に起因する毒素の混入への対策は一筋縄にはいかない。

金属類の混入と違って、微生物は目に見えない。腸管出血性大腸菌O157や、ノロウイルスなどのようにごく少量の摂取でも発病するものがいる。そのため、従来の食品安全対策は、食品衛生対策、特に微生物汚染対策が主であった。

微生物汚染対策の基本としては、食中毒予防3原則(①付けない、②

図1.1 食品安全の最大の問題

増やさない、③やっつける）が広く知られており、古くから世界中で食品衛生の基本原則として行われてきた。例えば、食材に微生物を付けないのは当然として、たとえ食材に少量の微生物が付着しても温度管理、塩分／糖分濃度管理、pH 管理、活性水分量（a_w）管理などを駆使して、「付着している微生物を増やさない」「さらに、加熱処理や殺菌剤処理によりその微生物を不活化させる」という考え方が実践されてきた。

カナダや米国では、"Fight Bac!" が食品安全の標語になっている。その内容は、"Clean"（洗浄などで清潔にする）、"Separate"（清潔なものと不潔なものを区別する）、"Cook"（熱処理をする）、"Chill"（冷却して微生物を増殖させない）の「3C+S」であり、この4項目を食品衛生の重点課題にしている。"Fight Bac!" 活動については、FDA（Food and Drug Administration：米国食品医薬品局）が "Fight Bac!" の特設 Web ページなどを通じて啓蒙・普及を図っている（図 1.2）。なお、米国の "Separate"

出典） FDA："Fight Bac!"（http://www.fightbac.org/food-safety-basics/the-core-four-practices/）（アクセス日：2018/11/29）

図 1.2 米国における食品安全標語

第1章　食品安全管理の歴史と HACCP 制度化のねらい

においては、まな板を肉類用と野菜用とに分けているが、ニュージーランドではこれを "Cover" として、フィルムで食材を覆うような図を示し、「4C 活動」と称している(図 1.3)。

いずれにしても、清潔に保ち、清潔なものと不潔なものとを区別して、加熱により微生物を殺し、低温で保存することを "Fight Bac!" は提唱しているのである。

(3)　WHO の 5 つの鍵と微生物汚染対策

WHO は「食品をより安全にするための 5 つの鍵(keys)」として、「①清潔に保つ(手洗い、洗浄、殺菌、IPM)」「②生の食品と加熱済みの食品とを分ける(交叉汚染の予防)」「③よく加熱する(70℃、30 秒以上)」「④安全な温度に保つ(危険ゾーン：5～60℃)」「⑤安全な水と原材料を

出典）オーストラリア・ニュージーランド食品基準局(Food Standards Australia Newgealand：FSANE)のニュージーランド事務局で筆者が入手したもの(2005 年 9 月)

図 1.3　ニュージーランドの 4C Activities

使う」を挙げている[2]。

①～④は Fight Bac! の 4 項目と同じであるが、5keys では⑤として「安全な水と原材料を使う」が挙げられていることに注目したい。日本では水道水を衛生的な問題など考えずに、普通に飲むことができる。味の点で水道水を好まない人がいても、衛生を理由に水道水を忌避する人はいない。しかし、この世界には水道水が飲めない国や地域の何と多いことだろうか。こうした衛生的な問題は安全であるべき原材料に関しても事情は同じである。原材料の生産国によって、その安全性は大きく異なってくる。例えば、「ある国の製品」というだけで、製品そのものの安全性に大きな疑問をもたれる国も存在するのである。このように食品のベースとなる水や原材料そのものの安全性は、食の安全を考えるための基本中の基本である。

上記の「食中毒予防 3 原則」「Fight Bac! の 4 項目」「WHO の 5 つの鍵(5keys)」のすべては微生物汚染への対策であって、金属などの硬物質の混入対策ではない。まずは微生物汚染対策があってこそだからである。

この微生物汚染対策を簡潔かつ徹底的に実践できるように、筆者らが所属する NPO 法人食品安全ネットワークでは、「食品衛生にとって大事な微生物レベルの清潔を得るためには、"食品衛生 7S" が必要である」としている。

食品衛生 7S の要素は、それぞれローマ字の頭文字が S となる「整理」「整頓」「清掃」「洗浄」「殺菌」「躾」「清潔」の 7 つであり、どの要素も食品製造現場の衛生管理に対して大変有効な手法である。本章では項目のみの提示に留めるが、**第 2 章で食品衛生 7S について詳しく解説している**ので、参考にしてほしい。

---

2) 国立医薬品食品衛生研究所:「食品をより安全にするための 5 つの鍵」(http://www.nihs.go.jp/hse/food-info/microbial/5keys/who5key.html)(アクセス日:2018/11/29)

1.3　モノの管理から HACCP による工程管理へ

(1)　HACCP と人類の月面着陸

　HACCP が誕生したのは、人類の月面着陸を達成した米国のアポロ計画が発端である。これは世界的に有名な話だが、その概要は以下のとおりである。

(a)　HACCP の背景としての米ソの宇宙開発競争
　現在のロシア連邦は 1991 年に崩壊したソビエト社会主義共和国連邦（通称、ソ連）の継承国だが、ソ連はかつて人類初の「人工衛星打ち上げ」「有人宇宙飛行」を達成した国家である。
　1957（昭和 32）年 10 月 4 日、ソ連当局は「スプートニク 1 号を打ち上げた」と発表した。スプートニク 1 号は直径 58cm、重量 83.6g の球体に長さ 2.4m のアンテナ 4 本をもつ人類初の人工衛星である。96.2 分の周期で地球を回り、「ピー、ピー」という発信音を地球に送ってきた。さらに翌年の 1958 年 8 月には、ライカ犬 2 匹を乗せたロケットを打ち上げ、回収に成功した。
　当時は米ソ冷戦の真っただ中で共産主義陣営に勢いがあった。「人類初」を達成したソ連の動きに、米国は資本主義陣営のトップとして宇宙開発競争に参入すべく、NASA（National Aeronautics and Space Administration：米国航空宇宙局）を 1958 年に発足させたのである。
　しかし、ソ連は NASA 発足の翌 1959 年 10 月には惑星間宇宙ステーション・ルーニック 3 号の打ち上げに成功し、月の裏側の写真を地球に送ってきた。さらに、1961 年 4 月にはユーリ・ガガーリン少佐を乗せたウォストーク 1 号を打上して、地球を 1 周させた後、成功裏に回収し、有人宇宙飛行を成功させたのである。当時のガガーリンは「地球は青

かった」という有名な感想を述べるとともに、「無重力空間で食品を正常に食べられるかどうか」を確かめるために、水を飲み、チョコレートを飲み込んでいる[3]。

このような活発なソ連の動きを受けて、米国第35代大統領ジョン・F・ケネディは、1961年5月に上下院合同会議において「今後10年以内に人間を月に着陸させ、安全に地球に帰還させるという目標の達成に我が国民が取り組むべきと確信しています」と宣言する。これが、いわゆるアポロ計画の始まりである。

ケネディは1963年11月にテキサス州ダラスにおいて暗殺されたものの、1969年7月20日にアポロ11号が無事に月面着陸に成功して、月の石を地球に持ち帰った。月の石は翌年1970年の大阪府千里丘陵で行われた日本万国博覧会の米国館に展示されて、広く米国の威信を高揚させるのに役立った。

(b)　HACCPの誕生

アポロ計画における「人間を月に着陸させ、安全に地球に帰還させる」という目標を達成するためには、安全な食品をつくり宇宙飛行士に供給するシステムが欠かせない。

この「安全な食品をつくり宇宙飛行士に供給するシステム」を担当した企業こそがPillsbury Company（ピルズベリー社）であった。同社は1971年のNational Conference on Food ProtectionにおいてL.Atkin、H.Bauman、J.Jezeski、J.Sillikerの4名による"An examination of the importance of CCPs and Good Manufacturing Practices (GMPs) in the production of safe foods"（安全な食品生産におけるCCPとGMP[4]の重

---

[3]　千葉県立現代産業科学館：企画展「宇宙（そら）の味」(2018/10/13～12/2)パンフレット、p.2
[4]　Good Manufacturing Practice（適正製造規範）の略称。

要性に関する一試行)を公表した。

つまり、ここに HACCP が誕生したのである。

(2) 宇宙食の開発：抜取り検査か工程管理か

実は、ケネディがアポロ計画の推進を発表する以前の 1959 年に、発足したばかりの NASA はピルズベリー社と宇宙食の開発について契約している。

ピルズベリー社でこの計画を主導した H. Bauman は、1980 年に当時のプロジェクトを回顧して以下のように述べた[5]。

「当時、引力ゼロという環境下で食品、ことに粉体がどのように行動するかに関しては全く未知の世界であることを前提に研究が開発された。われわれの手法は可食フイルムで覆った一口サイズの食品を開発することだった。…(中略)…これらに対して採用されている一般的検査方式は非破壊検査と云われるもので、これはハードウェアの検査には適していても食品やその原材料の検査には適していない。われわれは、広範な調査・検討の結果、成功できる唯一の方策は工程上、生鮮原料、作業環境並びに従業員に対する適切な管理であって、この管理は食品の生産体系においてできるだけ早い段階で開始する必要があるという結論に達した。もし、われわれがこの形式の予防体系を確立することが出来れば、高度の安全性を持つ製品の生産ができるに違いない。そして、実際的な目的のすべてについて、監視の目的以外には最終製品についての検査は不要になってこよう。…(中略)…この方式の CCP 部分を開発するため、わ

---

[5] Howard Bauman : "HACCP: Concept, Development and Application", *Food Technol.*, Vol. 44、No. 5、pp. 156-158、1980 のなかから、河端俊治・春田三佐夫 編『HACCP これからの食品工場の自主衛生管理』(pp. 358-361、中央法規出版、1992 年)で全訳されている文章を筆者が引用。

れわれは米国陸軍 Natick 研究所の"失敗の起こり方、Mode of Failure"といわれる分析方法を使わせてもらい、これを改良した。これは、各使用材料について、その一連の食品製造工程の各段階毎に、そこでどのようなことが起こり、これが実際の工場で発生した時にはどのような問題が予想されるかについて考察することである。」

以上によって、1959 年の NASA との契約から 1971 年の HACCP 発表まで、ピルズベリー社では以下 2 つの問題が認識されて、解決されたことがわかる。

① 第 1 の問題とその解決
　第 1 の問題は、「宇宙空間で三次元的に拡散する粉体が機械部品などの隙間に侵入する危険性にどのように対処するか」である。ピルズベリー社は「可食フィルムで覆った一口サイズの食品」の開発を考えるとともに、粉体をペースト状の食品として開発することで、この問題を解決した。

② 第 2 の問題とその解決
　第 2 の問題は「安全性の確認方法をどのようにすべきか」である。この当時、安全な食品の生産管理の中心は、食中毒防止 3 原則であり、3 原則に従った結果、できあがった食品について「安全であるかどうか」を抜取り検査で確認していた。
　しかし、機械の部品などについては全数検査をすることですべてについて規格に合格していることを証明できるが、食品の場合は、検査をすればもはやその食品は利用できなくなる。これは Bauman の指摘どおりである。この特性があるために、食品の検査は抜取り検査法以外は考えられない。

第 1 章　食品安全管理の歴史と HACCP 制度化のねらい

　ところが、当時の NASA は、安全性の要求基準として不良率 1ppm 以下、すなわち 100 万分の 1 以下の不良率を求めていた。抜取り検査による安全性の保証は、超幾何分布により計算できるが、不良品の個数が 0 個である確率 P(0) を 1ppm 以下に保証しようとすると「数千万個の食品を製造し、そのうちのほとんどを検査する」など常識では考えられない検査が必要になるうえに、この方法による安全性の保証ができないことも判明した(図 1.4)。

　この問題を検討する最中に "Mode of Failure" 法の活用が考えられた結果、「工程中の不安全要素を検討し、そこを重点的に管理し、記録を残す」という方法が考案された。

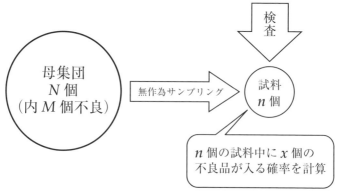

- N 個の製品(母集団)のうち、M 個が不良品(安全でないもの)であるとき、この母集団から n 個の試料を無作為に抜き取れば、n 個の試料中に含まれる不良品の個数 x は超幾何分布に従い、その個数が x である確率 $P(x)$ は次式により計算される。

- $P(x) = \dfrac{({}_M C_x \cdot {}_{N-M} C_{n-x})}{{}_N C_n}$

- ここに、${}_N C_n = \dfrac{N!}{\{n!(N-n)!\}}$

図 1.4　抜取検査と超幾何分布の考え方

(3) 腸管出血性大腸菌 O157 と HACCP 7 原則

　HACCP システムは 1971 年に発表されたものの、当時はそれほど注目されなかった。

　契機となったのは、HACCP システム発表から 11 年経った 1982 年に、米国中西部のハンバーガーショップ A で腸管出血性大腸菌 O157 による大規模食中毒が起こり、有症者 47 名を出した事件である。O157 は極少量でも摂取すると発症するので、従来の食中毒予防 3 原則（付けない、増やさない、やっつける）だけでは対応できない要因である。

　この事件を受けて、米国科学アカデミー（National Academy of Sciences：NAS）がいろいろな対策案を検討した結果、「アポロ計画で食品製造に用いられた HACCP が O157 の予防に利用できる」と考えるに至り、HACCP の導入を強く勧告した。その後、産官学軍などの専門家によって O157 対策としての HACCP が検討されて、1989 年に有名な HACCP 7 原則が発表された。しかし、「7 原則のような簡単なもので、本当に HACCP を行うことができて、しかも安全な食品を製造できるのか」と疑いをもつ人たちもいたため、希望企業を募って実践してみることになった。

　こうして HACCP を実践していたところ、1993 年にハンバーガーショップ B で、O157 による集団食中毒が発生した（これは有症者 700 名以上、死者 4 名という大事件となった）。この事件でも HACCP の導入を推進することになった 1982 年の食中毒事件と原因食がハンバーガーであった点が共通していた。その結果、当時、精力的に活動していた消費者団体などが、11 年前と全く同じ原因の O157 集団食中毒事件が起こったことに注目し、政府の責任などを追及した。

　消費者団体の働きかけがうまくいったかどうかは不明確だが、1994 年 12 月に米国 FDA による水産食品 HACCP が、さらに 1995 年 1 月に

第 1 章　食品安全管理の歴史と HACCP 制度化のねらい

表 1.1　米国における HACCP の歴史

年	出来事
1971	ピルズベリー社が、HACCP を発表する。
1982	中西部のハンバーガーショップ A で腸管出血性大腸菌 O157 による集団食中毒事件(オレゴン、ミシガン)が発生する。有症者は 47 名に達した。
1985	米国科学アカデミー(National Academy of Sciences)が HACCP 導入を勧告する。
1989	・産官学軍などの専門家により 7 原則が発表される。 ・7 原則による HACCP 実践希望企業を募り、「本当に 7 原則で HACCP を構築できるか」の検証が開始される。
1993	・ハンバーガーショップ B で O157 集団食中毒事件(ワシントン、アイダホ、カリフォルニア、ネバダ)が起きる。有症者は 700 名以上、死者は 4 名に達した。 ・原因食となったハンバーガーの挽肉について消費者団体からの突き上げが起きる。
1994	FDA による水産食品 HACCP が発表される。
1995	USDA による食肉 HACCP が発表される。

米国農務省による食肉 HACCP が発表されたことで、食品安全を確保するための HACCP は軌道に乗って普及した(表 1.1)。

(4)　医薬品の微生物汚染と GMP

　1971 年にピルズベリー社が発表した論文には「CCP と GMP の重要性」という記述がある。この記述が出てくるまでには以下のような経緯があった。

　1964 年スウェーデンで眼軟膏の使用により失明するという事件が起き、事件を重要視したスウェーデン政府が、同様の事件を調査したところ、「疾病治療に用いた医薬品により別の病気になった」という事件がいくつか見つかった。そこで市販の医薬品を調査したところ多くの医薬

1.3 モノの管理から HACCP による工程管理へ

品が微生物汚染されていることがわかった。

この事実が WHO に報告された結果、「世界的に医薬品の微生物汚染を減らすべきだ」とされ、そのための対策がとられることになった。ところが、医薬品は官能基をもつ有機化合物が多く、熱処理などを行うと薬効がなくなることが多い。そのため、できるだけ安全で清浄な原料を用い、製造工程中で新たな微生物汚染を防ぎ、工程中での微生物の増殖を抑えることで、結果として微生物汚染の少ない医薬品を製造できるようなやり方が求められた。そして、このための技術として一般衛生管理の充実が必要となった結果、GMP (Good Manufacturing Practices：適正製造規範) 技術が発展したのである。

米国の FDA によって、1965 年に「GMP for Pharmaceutical Product」法が連邦法として成立したが、1969 年には食品分野にも連邦法として GMP が導入された。これは、アポロ計画の食品生産に用いられた GMP と同じものと考えてよい。なお、1969 年の連邦法は、1986 年に改正法が成立し、現在に至っている (表 1.2)。

表 1.2 米国の GMP の歴史

年	出来事
1964	・医薬品の微生物汚染問題が起こる。 ・世界的に GMP による医薬品の微生物汚染対策が進む。
1965	・FDA による "GMP for Pharmaceutical Products" が制定される。 ・Federal Regulation 21 CFR Part 210 & 211 が制定される。
1969	食品 GMP が発表される。
1986	食品 GMP が改正される。 ・Improving Food Safety Through updating US FDA GMP Practices (last updated 1986) ・Federal Regulation 21 CFR Part 110

第1章 食品安全管理の歴史とHACCP制度化のねらい

(5) 日米品質管理交流史とHACCP

　1950年、第二次世界大戦後の復旧を急ぐ日本に、米国のW. E. デミング博士(1900～1993)が来日し、日本各地で統計的品質管理(Statistical Quality Control：SQC)を講義した。米国から導入されたSQC手法は、多くの製造現場に導入・活用され、さらに日本企業で活用されやすいような日本流へと発展していった。その最たる活動が現場監督者を巻き込んだ品質管理であり、QCサークル活動である。

　1950年代、「安くて悪い」が日本製品に対する評価であったが、その評価は急速に変化し、1960年代中頃になると「日本製品は安くて良い」との評価に変化する。その変化を導いたのが、品質管理であることが認められ、1969年には国際品質管理大会が日本で初めて行われた。以後、3年ごとに米国、欧州、日本でこの大会は行われている。

　以上のような変化を目の当たりにして、世界各国から日本の品質管理の現場を見るために視察団が押しかけてきた。しかし、現場の作業員が改善活動を行うという方式は、その当時、労働者をブルーカラーとホワイトカラーに分け、ホワイトカラーのみが仕組みづくりをしていた米国には受け入れられなかった。ところが、米国3大ネットワークの一つであるNBCテレビによる90分の特集番組 "If Japan can, why can't we?" が放映されたことで、事態は急変する。

　NBCテレビの特集番組が、「日本の品質管理は米国人W.E. デミングが教えたものだ」と強調したこともあり、デミング博士による品質管理コースが全米で行われるようになり、米国に品質管理ブームがわき起こった。マネジメントシステムとしての全社的品質管理活動がなされていった一連の動きは、1987年の国家品質管理賞 "Malcom Baldrige National Quality Award" の創設に連なる。1989年には、米国企業であるフロリダ電力が日本の「デミング賞」を海外企業として初めて受賞し

1.3 モノの管理からHACCPによる工程管理へ

ている。まさにその1989年にHACCPの7原則は発表されたのだった（表1.3）。

表1.3　日米間のQC発展交流史

年	出来事
1950	・米国のデミング博士が来日、SQCを講義する。
1950年代	・米国からQCを導入する（統計的品質管理：SQC）。 ・製造現場におけるSQCの活用が始まる。 ・全社的品質管理活動が発展する。
1960年代前半	・現場監督者への教育が始まる。
1962	・『現場とQC』の発刊 ・QCサークル活動の創設
1960年代後半	・日本的品質管理活動の方法論が確立する。
1969	・国際品質管理大会の初開催（以後3年ごとに開催）
1970年代	・品質管理活動の充実 ・日本の品質管理を米国の諸団体が視察・紹介する。
1973	・ロッキード社のQCサークル視察チームが来日する。
1979	・*Business Week*誌、「米国企業、日本方式で品質管理」
1980 （6月24日）	・NBCテレビが "If Japan can, why can't we?" を放映（90分番組）する。 ・デミング博士が米国で再評価される。 ・各州がTQCの取り組みを奨励する。米国で品質管理がブームになる。
1987	・国家品質管理賞、Malcolm Baldrige National Quality Award 創設
1988	・第1回MB国家品質管理賞授賞式が行われる。 ・（米国は"合州国"なので）各州が独自の「州品質管理賞」を創設する。 ・米国全土で、品質管理運動が盛り上がる。
1989	・Florida Power and Light社が日本のデミング賞を受賞（海外企業初）する。 ・HACCPの7原則が発表される。

(6) 3つの流れの上にできあがったHACCPの7原則

米国で腸管出血性大腸菌O157対策として1989年にHACCPの7原則が発表されたときには、すでに一般衛生管理としてのGMPが存在し、かつ、食品企業を含む多くの企業で、全社的品質管理活動が広く行われていた。そのため、あえてGMPの必要性や、マネジメントシステムとしての全社的品質管理活動の必要性を説く必要もなく、食品安全に特化した7原則で十分であったのである(図1.5)。

マネジメントシステムとしての全社的品質管理活動の上に一般衛生管理GMPがあり、その上にHACCPの7原則が位置することに注目すべきである。HACCPは、安全な食品を製造するための工程管理の手法なのである。なお、WHOはHACCPの7原則の前に5つの手順を加えた12手順としてHACCPの活用を呼びかけている。現在では、この12手順のほうが新たにHACCPを行おうとするときには使い勝手が良いので、多くのところで使われている(表1.4)。

米国では、図1.5の関係がよく理解されていたが、日本を始め多くの

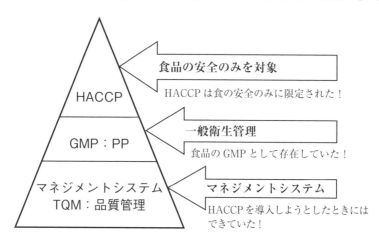

図1.5 米国におけるHACCPとTQMの位置づけ

1.3 モノの管理から HACCP による工程管理へ

表 1.4 HACCP の 7 原則と WHO の 12 手順

手順 No.	各手順の内容
手順 1	HACCP チームの編成
手順 2	製品についての記載
手順 3	意図する用途／消費者の確認
手順 4	フローダイヤグラム作成
手順 5	フローダイヤグラムの現場確認
手順 6	ハザード分析(原則 1)
手順 7	CCP の設定(原則 2)
手順 8	CL の設定(原則 3)
手順 9	モニタリング方法設定(原則 4)
手順 10	改善処置設定(原則 5)
手順 11	検証方法設定(原則 6)
手順 12	記録の維持(原則 7)

国ではこの関係が理解されずに、誤った理解で歪められた HACCP が現場に持ち込まれた。そのような誤解は、以下のような HACCP 自身が内包する問題点による。

■ HACCP の問題点
① 企業トップの責任の不明確さ(マネジメントシステムの不在)
② 品質管理の中の部分システムの孤立と欠如
  ・食品安全のみのシステム
  ・製造工程のみのシステム
  ・購買工程の管理の欠如(雪印事件など)
  ・工場から出た後工程の管理の欠如
③ 審査・承認制度の不明確さ(日本)

次節で述べる食品安全マネジメントシステムの国際規格 ISO 22000 は、上記の問題点を克服するためにつくられたものといえよう。

1.4 HACCP から ISO 22000 へ

(1) Codex の食品衛生一般原則と HACCP

国際連合の専門機関である WHO(World Health Organization：世界保健機関)および FAO(Food and Agriculture Organization：国際連合食糧農業機関)との合同委員会である Codex 委員会[6]は、1969 年に食品衛生の一般原則として、"Recommended International Code of Practice—General Principles of Food Hygiene"(国際実施規格勧告 — 食品衛生の一般原則)を発表し、1993 年にはその附則として HACCP を加えた。このとき、HACCP は食品衛生管理の国際標準の一つとなったのである。

アポロ計画における宇宙飛行士用の食品製造方法として考案された HACCP だが、米国内では食品医薬品局(FDA)と農務省(USDA)がそれぞれ異なる内容の HACCP を公表したように、各国は自国用の HACCP をつくっていた。それらは 7 原則 12 手順に則したものではあるが、それぞれ異なった標記と内容をもっており一義的ではない。

そこで、2000 年に発行された ISO 15161 "Guidelines on the application of ISO 9001 : 2000 for the food and drink industry"(食品・飲料産業向けの ISO 9001：2000 の適用の指針)では、多様な HACCP がつくられていく状況を鑑みて、「Codex-HACCP こそが HACCP の国際標準である」ということを規定し、多くの国々に受け入れられた。さらに、この規格では ISO 9001 の各箇条に対応する HACCP としての考え方を示すことで、HACCP の一大問題点であるマネジメントシステムの欠如を、ISO 9001

---

[6] 農林水産省の Web ページ(http://www.maff.go.jp/j/syouan/kijun/codex)では以下のとおり説明している。
「コーデックス委員会は、消費者の健康の保護、食品の公正な貿易の確保等を目的として、1963 年に FAO 及び WHO により設置された国際的な政府間機関であり、国際食品規格の策定等を行っています。我が国は 1966 年より加盟しています。」

で補足しようとした画期的なものであった。この考え方は、2005年に発表されたISO 22000の基礎となっている。

Codexの一般衛生の項目(10章構成)における章立ては以下のとおりである。

> ①目的、②範囲、用途及び定義、③第一次生産、④施設：設計および設備、⑤オペレーションコントロール、⑥施設：メンテナンス及びサニテーション、⑦施設：個人(従事者)の衛生、⑧輸送、⑨製品情報及び消費者意識、⑩トレーニング(訓練)

ここで、③～⑩は食品そのものに対する処置ではなく、製造環境や製造に従事する人に対する一般衛生管理の項目で考慮すべき対象を記載したものといえる。

(2) HACCPから食品安全マネジメントシステムへ

2.3節の(1)項でも触れているが、2000年に大手乳業A社では、購入した原料の脱脂粉乳を加工中、停電によって黄色ブドウ球菌が産出するエンテロトキシンを混入させ、それをそのまま製品化した。その結果、大規模な食中毒事件が起こった。2000年当時、A社が総合衛生管理製造過程(日本版HACCP)の認証を受けていたので、「HACCPを導入しても食中毒は防げない」という認識が日本で広まってしまったことは、特に不幸であった。

同じ頃、ヨーロッパにおいても、狂牛病(Bovine Spongiform Enaphalopathy：BSE)の原因となるプリオンを含んだ飼料・肉骨粉を購入して乳牛などの飼料として用いた結果、乳牛などにBSEが発生していたことが大きな国際問題となった。これは大手乳業A社の事件と同様に原料由来である。

第 1 章　食品安全管理の歴史と HACCP 制度化のねらい

　BSE 事件を受けて、酪農国のデンマークは、「HACCP だけでは真の意味での食品の安全・安心は守れない。大事なのは企業におけるマネジメントシステムのなかに HACCP を適切に位置づけることだ」との認識に立ち、2001 年に食品安全マネジメントシステム ISO 22000 の作成を提案した。この規格は、紆余曲折はあったが、2005 年 9 月に国際規格として発行され、ISO 22000：2005 となった。

　ISO 22000：2005 では、4 つの鍵となる要素が挙げられている。つまり、①双方向のコミュニケーション—フードチェーンの川上と川下の情報交換、②システムマネジメント、③前提条件プログラム、④HACCP の原則(7 原則 12 手順)である。この①と②は、ISO 9001 由来のマネジメントシステムの基本であるが、残りの③と④は HACCP 由来のものといえるので、HACCP をマネジメントシステムのなかに組み込もうとしている意図がよくわかる。

　その後、新たに発表された ISO 22000：2018 では、上記の 4 項目の他に、「マネジメントの原則：①顧客管理、②リーダーシップ、③人々の積極的参加、④プロセスアプローチ、⑤改善、⑥客観的事実に基づく意志決定、⑦関係性管理」が追加されており、よりマネジメントシステムの側面が強調されるようになっている。

(3)　ISO 22000 の対象業種

　ISO 22000 の認証は、従来の HACCP が食品製造企業のみを対象としていたのとは異なり、食品に関係する "From Farm To Table"(生産地から食卓まで)のすべての段階、さらに食品製造に関連する多くの分野が対象になっている。飼料製造業者が明記されているのは、BSE の苦い体験を忘れないようにするためであろう。

　ISO 22000 の対象業種は広範囲に及ぶ(図 1.6)。図 1.6 の右側には、

1.4 HACCP から ISO 22000 へ

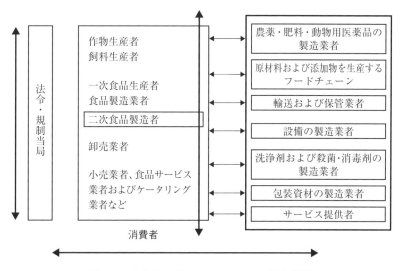

図 1.6　広範囲に及ぶ ISO 22000 の対象業種

「農薬・肥料・動物用医薬品の製造業者」「原材料および添加物を生産するフードチェーン」「輸送および保管業者」「設備の製造業者」「洗浄剤および殺菌・消毒剤の製造業者」「包装資材の製造業者」「サービス提供者（ビルメンテナンス、PCO、その他メンテナンス業者など）」が記載されているが、このように食品製造に関連する広い範囲の業者までも ISO 22000 の認証がとれるようになっているのである。

(4)　ISO 22000 の一般衛生管理・前提条件プログラム PRP

ISO 22000：2018 の一般衛生管理は、前提条件プログラム PRP（Prerequisite Programs）といわれ、以下の 12 項目が明示されている。

①　建造物、建物の配置、及び付随したユーティリティ
②　ゾーニング、作業区域及び従業員施設を含む構内の配置
③　空気、水、エネルギー及びその他のユーティリティ

23

④　ペストコントロール、廃棄物及び汚水処理並びに支援サービス
⑤　装置の適切性並びに清掃・洗浄及び保守のためのアクセス可能性
⑥　供給者の承認及び保証プロセス（例えば、原料、材料、化学薬品及び包装）
⑦　搬入される材料の受け入れ、保管、発送、輸送及び製品の取り扱い
⑧　交叉汚染防止の予防手段
⑨　清掃・洗浄及び消毒
⑩　人々の衛生
⑪　製品情報／消費者の認識
⑫　必要に応じて、その他のもの

　ISO 22000 における一般衛生管理 PRP は、旧版の 2005 年版でも最新版の 2018 年版でも PRP の項目のみの記載になっている。しかし、「それでは困る」「もっと具体的な詳細記述が必要である」との意見もあり、英国規格協会が PAS 220 を作成した。さらに、この PAS 220 規格を元にして ISO/TS 22002 規格がつくられたが、この規格には ISO 22000 の PRP の各項目についての詳細な内容が記載されている。

(5)　ISO 22000：2018 の構造

　国際的には、ISO 22000 の PRP の各項目についての詳細な内容が記載されている点が注目されたので、ISO 22000 と ISO/TS 22002 とを合わせて、さらに独自の要求項目を追加した国際規格 FSSC 22000 が発表された（図 1.7）。

　日本国内では、この FSSC 22000 が ISO 22000 と同じように、多くの企業がその認証を取得する規格になってきている。しかし、ISO 22000：

1.4 HACCP から ISO 22000 へ

ISO 22000：2018 の PRP

① 建造物、建物の配置、及び付随したユーティリティ
② ゾーニング、作業区域及び従業員施設を含む構内の配置
③ 空気、水、エネルギー及び他のユーティリティの供給源
④ ペストコントロール、廃棄物及び汚水処理並びに支援サービス
⑤ 装置の適切性並びに清掃・洗浄及び保守のためのアクセス可能性
⑥ 供給者の承認及び保証プロセス（例えば、原料、材料、化学薬品及び包装）
⑦ 搬入される材料の受け入れ、保管、発送、輸送及び製品の取り扱い
⑧ 交叉汚染防止の予防手段
⑨ 清掃・洗浄及び消毒
⑩ 人々の衛生
⑪ 製品情報／消費者の認識
⑫ 必要に応じて、その他のもの

＋

追加５項目

ⅰ）再加工
ⅱ）製品の回収手順
ⅲ）倉庫保管
ⅳ）製品情報及び消費者意識
ⅴ）食物防御、バイオ警護及びバイオテロリズム

各項目には、細かい要求事項が記載されている

図1.7　FSSC 22000になって充実したPRP

2018が発行されたので、近いうちにFSSC 22000もISO 22000：2018を取り込んだ内容に改訂されるだろう（**図1.8**）。

なお、最新版のISO 22000：2018は、ISO 9001：2015やISO 14000：2015などと同じように、2012年5月に発表された「ISO/IEC専門業務用指針　第1部　附属書SL」に即した構成になっており、目次の章構成が同じになっている[7]。そのため、すでにISO 9001やISO 14000の認証を得ている企業にとっては、取っ付きやすい規格である。

組織は、ISO 22000：2018という食品安全マネジメントシステム（FSMS）

---

[7] 章構成は次のとおりであり、「8.運用」の部分に各規格の特徴が出る構成である。「序文」「1.適用範囲」「2.引用規格」「3.用語及び定義」「4.組織の状況」「5.リーダーシップ」「6.計画」「7.支援」「8.運用」「9.パフォーマンス評価」「10.改善」

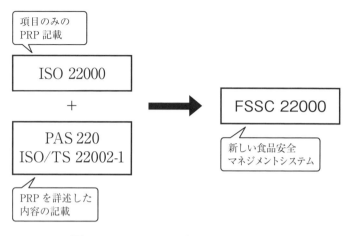

図1.8 ISO 22000 から FSSC 22000 へ

を採用することによって、食品安全のパフォーマンス全体の改善に役立てることができる。また、ISO 22000：2018 規格にもとづいた FSMS を実施することによって、「a)顧客要求事項及び適用される法令・規制要求事項を満たした安全な食品並びにサービスを一貫して提供できる」「b)組織の目標に関連したリスクに取り組む」「c)規定された FSMS 要求事項への適合を実施できる」などの便益を受けることができる。

1.5 日本における食品の安全・安心を求める動き

(1) 食品衛生法の改正

2018 年 6 月 13 日に「食品衛生法等の一部を改正する法律」が公布されたことで、日本における食品の安全・安心への活動は新しい時代に入った。

この法律の改正の趣旨は、以下のとおりである。

「我が国の食をとりまく環境変化や国際化等に対応し、食品の安全を

確保するため、広域的な食中毒事案への対策強化、事業者による衛生管理の向上、食品による健康被害情報等の把握や対応を的確に行うとともに、国際整合的な食品用器具等の衛生規制の整備、実態等に応じた営業許可・届出制度や食品リコール情報の報告制度の創設等の措置を講ずる。」

新しく改正されたのは7点あり、概要としては以下のとおりである。

① **広域的な食中毒事案への対策強化**

国や都道府県などが、広域的な食中毒事案の発生や拡大防止などのため、相互に連携や協力を行うこととするとともに、厚生労働大臣が、関係者で構成する広域連携協議会を設置する。緊急を要する場合には、当該協議会を活用し、対応に努めることとする。

② **HACCP（ハサップ）に沿った衛生管理の制度化**

原則として、すべての食品等事業者に対して、一般衛生管理に加えて、「HACCPに沿った衛生管理」の実施を求める。ただし、規模や業種などを考慮した一定の営業者については、取り扱う食品の特性などに応じた衛生管理の実施が認められている。

③ **特別の注意を必要とする成分等を含む食品による健康被害情報の収集**

健康被害の発生を未然に防止する見地から、特別の注意を必要とする成分等を含む食品について、事業者から行政への健康被害情報の届出を求める。

④ **国際整合的な食品用器具・容器包装の衛生規制の整備**

食品用器具・容器包装について、安全性を評価した物質のみ使用可能とするポジティブリスト制度の導入などを行う。

⑤ 営業許可制度の見直し、営業届出制度の創設
　実態に応じた営業許可業種への見直しや、現行の営業許可業種(政令で定める 34 業種)以外の事業者の届出制の創設を行う。

⑥ 食品リコール情報の報告制度の創設
　営業者が自主回収を行う場合に、自治体へ報告する仕組みを構築する。

⑦ その他(乳製品・水産食品の衛生証明書の添付等の輸入要件化、自治体等の食品輸出関係事務に係る規定の創設等)

(2) HACCP に沿った衛生管理の制度化の対象業種

　(1)項のうち、最も注目されているのが、「② HACCP(ハサップ)に沿った衛生管理の制度化」である。特に「原則として、すべての食品等事業者に、一般衛生管理に加え、HACCP に沿った衛生管理の実施を求める」と説明されているように、対象が単に「食品製造者」ではなく、「すべての食品等事業者」となっている点に注意が必要である。「すべての食品等事業者」ということは、商店街の食品取扱店を始め、ホテル・レストランはもちろん、街の居酒屋や屋台の飲食提供者まで含まれることになるからである。

　「⑤営業許可制度の見直し、営業届出制度の創設」では、HACCP の制度化の対象とともに、営業許可と営業届出の対象が検討されるとされている。2018 年 8 月からそのための委員会が動き出しており、公衆衛生への影響を考慮に入れて、営業許可と営業届出を決めることになっている(図 1.9)。

　「どのような範囲まで許可制になり、どのような範囲までが届出制になるか」は、執筆時点の 2018 年 11 月現在、明確ではないが、いずれ

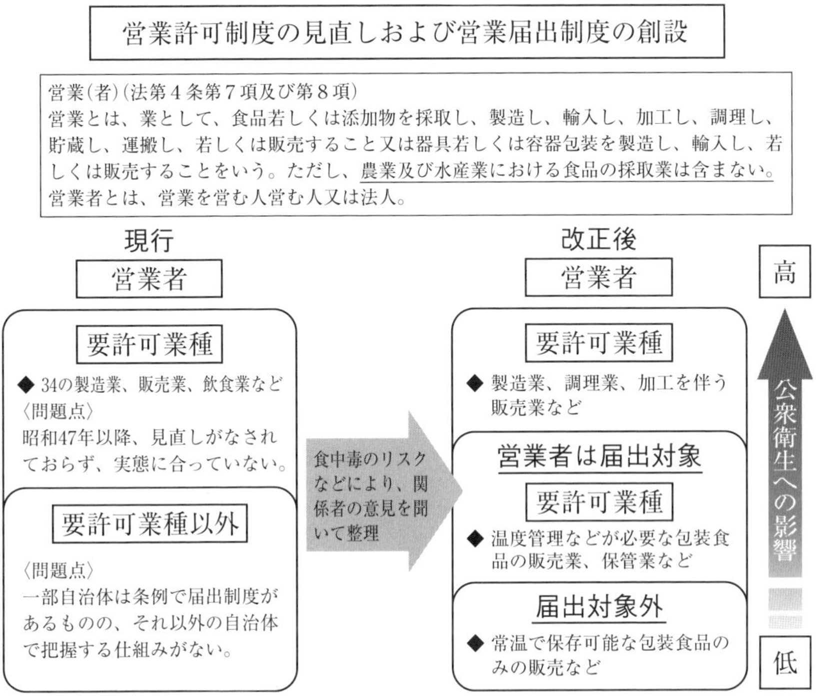

1.5 日本における食品の安全・安心を求める動き

営業許可制度の見直しおよび営業届出制度の創設

営業（者）（法第4条第7項及び第8項）
営業とは、業として、食品若しくは添加物を採取し、製造し、輸入し、加工し、調理し、貯蔵し、運搬し、若しくは販売すること又は器具若しくは容器包装を製造し、輸入し、若しくは販売することをいう。ただし、農業及び水産業における食品の採取業は含まない。
営業者とは、営業を営む人営む人又は法人。

現行
営業者
- 要許可業種
  ◆ 34の製造業、販売業、飲食業など
  〈問題点〉
  昭和47年以降、見直しがなされておらず、実態に合っていない。
- 要許可業種以外
  〈問題点〉
  一部自治体は条例で届出制度があるものの、それ以外の自治体で把握する仕組みがない。

食中毒のリスクなどにより、関係者の意見を聞いて整理

改正後
営業者
- 要許可業種
  ◆ 製造業、調理業、加工を伴う販売業など
- 営業者は届出対象
  - 要許可業種
    ◆ 温度管理などが必要な包装食品の販売業、保管業など
  - 届出対象外
    ◆ 常温で保存可能な包装食品のみの販売など

公衆衛生への影響：高 ～ 低

出典）厚生労働省医薬・生活衛生局：「第1回　食品の営業規制に関する検討会（平成30年8月1日）」「資料4　今後の検討の進め方等について」、p.3（https://www.mhlw.go.jp/content/11121000/000343606.pdf）（アクセス日：2018/11/19）

図1.9　営業許可と営業届出の流れ

「すべての食品等事業者」において営業許可や営業届出を行う際には、営業許可の条件にはならないが「一般衛生管理に加え、HACCPに沿った衛生管理の実施」についての計画書や実行記録が必要になるだろう。

第1章 食品安全管理の歴史とHACCP制度化のねらい

(3) HACCPの2基準

① 「HACCPに基づく衛生管理」および「HACCPの考え方を取り入れた衛生管理」の概要

2016年12月に発表された「食品衛生管理の国際標準化に関する検討会」の最終とりまとめ要旨[8]では、HACCPによる衛生管理の基準を「基準A：HACCPに基づく衛生管理」および「基準B：HACCPの考え方を取り入れた衛生管理」の2基準とした（図1.10）。しかし、基準Aお

全ての食品等事業者(食品の製造・加工、調理、販売等)が衛生管理計画を作成

食品衛生上の危害の発生を防止するために特に重要な工程を管理するための取組（HACCPに基づく衛生管理）	取り扱う食品の特性等に応じた取組（HACCPの考え方を取り入れた衛生管理）
Codex-HACCP7原則に基づき、食品等事業者自らが、使用する原材料や製造方法等に応じ、計画を作成し、管理を行う。 【対象事業者】 ◆ 事業者の規模等を考慮 ◆ と畜場［と畜場設置者、と畜場管理者、と畜業者］ ◆ 食鳥処理場［食鳥処理業者(認定小規模食鳥処理業者を除く。)］	各業界団体が作成する手引書を参考に、簡略化されたアプローチによる衛生管理を行う。 【対象事業者】 ◆ 小規模事業者(＊事業所の従業員数を基準に、関係者の意見を聴き、今後、検討) ◆ 当該店舗での小売販売のみを目的とした製造・加工・調理事業者(例：菓子の製造販売、食肉の販売、魚介類の販売、豆腐の製造販売 等) ◆ 提供する食品の種類が多く、変更頻度が頻繁な業種(例：飲食店、給食施設、そうざいの製造、弁当の製造 等) ◆ 一般衛生管理の対応で管理が可能な業種 等(例：包装食品の販売、食品の保管、食品の運搬 等)

出典）厚生労働省：「食品衛生法の改正について」「食品衛生法等の一部を改正する法律の概要」「2.HACCP(ハサップ)に沿った衛生管理の制度化」、p.1(https://www.mhlw.go.jp/content/11131500/3-2_HACCP.pdf)（アクセス日：2018/11/29）

図1.10 HACCP制度化の概要

---

[8] 厚生労働省：「食品衛生管理の国際標準化に関する検討会最終とりまとめについて」(https://www.mhlw.go.jp/stf/houdou/0000146747.html)（アクセス日：2018/11/29）

よび基準 B という呼称は、2018 年 3 月の法案提出時から公式に使用されなくなったので、以降は正式名のみを用いる。

② 「HACCP に基づく衛生管理」の概要
　「HACCP に基づく衛生管理」は、Codex-HACCP の 7 原則 12 手順にもとづいた衛生管理を確立せねばならないものであり、従来からいわれている HACCP はこれを指している。
　日本でも、大企業ではおおむねこの「HACCP に基づく衛生管理」に従った HACCP の認証を取得している。しかし、問題は中小零細企業であり、特に「父ちゃん・母ちゃん・兄ちゃん」の「三ちゃん」で運営されているいわゆる「三ちゃん企業」においては、「HACCP に基づく衛生管理」による認証は望むべくもない。

③ 「HACCP の考え方を取り入れた衛生管理」の概要
　「HACCP の考え方を取り入れた衛生管理」は「一般衛生管理を基本として、事業者の実情を踏まえた手引書等を参考に必要に応じて重要管理点を設けて管理するなど、弾力的な取り扱いを可能とするもの。小規模事業者や一定の業種等が対象」とされているように、「HACCP に基づく衛生管理」レベルの認証取得が不可能なような中小零細企業、三ちゃん企業、街の飲食店などでも対応できる仕組みとして発表されたものである。
　この対象は「一定の業種等」とされているが、その詳細は明確ではない。しかし、この「一定の業種等」が上記の許可制や届出制の対象と考えられる。

　本書では「HACCP の考え方を取り入れた衛生管理」の対象となるような業種などを念頭にしながら、一般衛生管理と「HACCP の考え方を

第1章 食品安全管理の歴史とHACCP制度化のねらい

取り入れた衛生管理」に重点を置いて、事例などを多く取り入れて解説する。

(4)「HACCPに基づく衛生管理」の手引書

「HACCPに基づく衛生管理」は、従来から多くの書籍やテキストで述べられてきた7原則12手順に沿ったHACCPプランの作成とそれに沿った実践を行う衛生管理である。

厚生労働省は、「HACCPに基づく衛生管理」をさらに浸透させるために「食品製造におけるHACCP入門のための手引書」を2014年に発行した(図1.11)。この「HACCPに基づく衛生管理」によるHACCPモデルの構築については第3章で解説する。

なお、この「手引書」では、HACCPを現場に定着させるために日本で生まれ発達した"5S"活動の利用を提唱しており、その第1ステップ

■発行済手引書(13種類)の内訳

漬物編	豆腐編
生菓子編	焼菓子編
乳・乳製品編	食肉製品編
清涼飲料水編	水産加工食品編
大量調理施設編	と畜・食肉処理編
麺類編	食鳥処理・食鳥肉処理編
容器包装詰加圧加熱殺菌食品編	

出典） 厚生労働省：「HACCP導入のための手引書」(https://www.mhlw.go.jp/stf/seisakunitsuite/bunya/0000098735.html)（アクセス日：2018/11/29）

図1.11 「HACCPに基づく衛生管理」の手引書「食品製造におけるHACCP入門のための手引書」

として、企業経営者(トップ)による方針(5S活動を導入する決意と5S活動を通じて得たい効果)を明確にすることを求めている。これは、HACCPに欠けていたマネジメントシステムの不在を補うものとして大変重要である。

　第2章で詳しく解説するが、この手引書では、「5S活動の目的は「清潔」である」と明記している。これは、NPO法人食品安全ネットワークが提唱している「食品衛生7S」の目的である「微生物レベルでの清潔」と同じものといえる。

(5) 「HACCPの考え方を取り入れた衛生管理」の手引書

　「HACCPの考え方を取り入れた衛生管理」は、図1.10に書かれた以下の事業者などが対象として含まれている。

　　① 小規模事業者
　　② 当該店舗での小売りのみを目的とした製造・加工・調理事業者
　　③ 提供する食品の種類が多く、変更頻度が頻繁な業種
　　④ 一般衛生管理の対応で管理が可能な業種

　このような業種は各業界団体が作成する手引書を参考に、簡略化されたアプローチによる衛生管理を行うことになっている。このレベルのHACCPモデルの構築については、第4章で解説する。

　「HACCPの考え方を取り入れた衛生管理」のHACCPモデルの一つである飲食店用の衛生管理モデル作成の手引書が厚生労働省から発行されているが、その基本的な内容は米国FDAが発行した飲食店・小売店用のテキストとほぼ同じである(図1.12)。

第1章　食品安全管理の歴史とHACCP制度化のねらい

FDAによる飲食店対象のHACCPマニュアル

厚生労働省「HACCP(ハサップ)の考え方を取り入れた食品衛生管理の手引き(飲食店編)」の表紙

出典1)　FDA:"Managing Food Safety:A Manual for the Voluntary Use of HACCP Principles for Operators of Food Service and Retail Establishments"(https://www.fda.gov/downloads/food/guidanceregulation/haccp/ucm077957.pdf))(アクセス日：2018/11/29)

出典2)　厚生労働省:「HACCP導入のための参考情報(リーフレット、手引書、動画)」「HACCP(ハサップ)の考え方を取り入れた食品衛生管理の手引き(飲食店編)」(https://www.mhlw.go.jp/file/06-Seisakujouhou-11130500-Shokuhinanzenbu/0000158724.pdf))(アクセス日：2018/11/29)

図1.12　HACCPの考え方を取り入れた「HACCPの考え方を取り入れた衛生管理」による初めての手引書

(6)　衛生状態の評価

「「HACCPの考え方を取り入れた衛生管理」が適用されるであろう小売店や飲食店などの衛生状態が、本当に正しく管理されているかどうか」に関しては大きな疑問がある。いくつかの国では、実際に小売店や飲食店などで行われている衛生管理を評価しているので、以下に少し紹介してみよう。

HACCPの専門家である加藤光夫氏[9)]は、英国ロンドンの小売店について次のように紹介している。

1.5　日本における食品の安全・安心を求める動き

「リテイルについて、現在のロンドンでは、店頭で5段階のレートで表示されている。例えば、ロンドンの食肉小売店舗では、ラベルが貼られていて、見た限りでは、全ての小売店で「5」の最高得点になっている。これは、4以下では顧客が獲得できないので、衛生管理をしっかりして、「5」を得ているわけである」[10]

同じように元厚生労働省の豊福肇氏[11]は、デンマークの飲食店の衛生管理の評点について、以下のように講演している。

「デンマークでは、衛生管理の評価を顔マークで示している。「にこにこマーク」と「泣き顔マーク」である。泣き顔マークの事業所は、改善処置の後、有料で特別審査が受けられる。しかし、この審査で「にこにこマーク」になっても、先の審査は「泣き顔マーク」だったという記録が残った「にこにこマーク」の表示になる」[12]

米国の飲食店においても同じような評点が店頭に表示されている。図1.13は、ハワイ州ホノルルの某飲食店の衛生状態を評価した表示である。PASSマークの図の左下部分を見ると、評価は、① PASS、② CONDITIONAL PASS、③ CLOSED になっていることがわかる。

2018年10月にホノルルの有名なアラモアナ・ショッピングセンター1階にあるフードコートを筆者が調べたところ、フードコートの店舗リストに掲載されている店30店舗のうち、2店舗は店が見つからず、リストに記載されていない店が4店舗あった。この現存する32店舗中、31店舗にはPASSマークの展示があり、残りの1店舗にはPASSマー

---

9) HACCPおよびISO 22000構築企業コンサルタント。衛生管理手法「HACCP」などを実習、研究、日本に紹介。HACCP支援法延長に伴う「高度化基盤整備に関する検討委員会」委員。
10) 加藤光夫氏のメールマガジン、Vol. 833、2016年3月10日
11) 厚生省生活衛生局乳肉衛生課課長補佐、WHO食品安全部、国立保健医療科学院国際協力研究部上席主任研究官を経て現在、山口大学共同獣医学部教授。
12) 豊福肇：標準化と品質管理全国大会における講演「HACCP制度化と食の安全・安心の国際的動向」、2017年10月11日

第1章 食品安全管理の歴史と HACCP 制度化のねらい

■3段階評価
　① PASS ／② CONDITIONAL PASS ／③ CLOSED

図 1.13　ハワイ・ホノルルで見た料飲店の衛生評価
（2017 年 5 月筆者撮影）

クの展示が見られなかったが、その店の商品はクッキーであり、かつすでに箱詰めの包装されたものしか販売していなかったので、店の担当者に聞く必要もなかった。これ以外にもホノルルの街中を見渡してみれば、多くの料飲店の店頭に PASS マークが誇らしげに表示されていた。

図 1.14 は、カルフォルニア州サンフランシスコ市の某ステーキハウス店での評価である。100 点満点の 92 点と採点され、その点数は Good 評価となっている。

図 1.15 は、カリフォルニア州ロングビーチ市の某日本料理店の評価である。この店では「重篤な違反は見つけられなかった」との評価であったが、もし見つかれば「その違反がどこであるか」が示される形式になっている。

図 1.16 は、マレーシア・クアラルンプールの某中華料理店の評価である。残念ながら、この店は A 評価ではなく「B 評価」である。上記の加藤氏が紹介したロンドンの小売店と同じように、A 評価の店と B 評価の店があれば、顧客は自ずと A 評価の店に行く。この中華料理店

1.5 日本における食品の安全・安心を求める動き

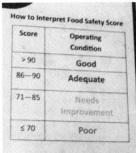

食品安全評価を
いかに解釈するか？

>90 Good
86～90 Adequate
71～85 Needs Improvement
≦70 Poor

図 1.14 サンフランシスコ市の某ステーキハウス店での評価
（2017 年 8 月 23 日筆者撮影）

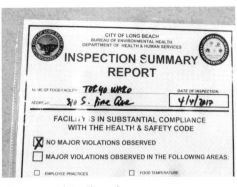

図 1.15 カリフォルニア州ロングビーチ市の某日本料理店の評価
（2017 年 8 月 30 日筆者撮影）

はB評価だったので、その評価票の前に提灯をつり、うまくカムフラージュをしたのであろうか。店舗内の調理場などを見てみるとやはり調理かすなどが床に落ちており、一見して衛生的によろしくないのは明白である。もし、日本でもこのような評点法が実施されれば、この店と同じようなカムフラージュをせねばならない店が続出するかもしれない。

第 1 章　食品安全管理の歴史と HACCP 制度化のねらい

図 1.16　クアラルンプールの B マークをうまく隠している(？)中華料理店
（2018 年 2 月筆者撮影）

　このような諸外国の事例や状況を知ることで、早急に「HACCP に基づく衛生管理」または「HACCP の考え方を取り入れた衛生管理」に対応する衛生管理のプランを立てるべき時期になっているのではなかろうか。

第 1 章の参考文献

［1］　厚生労働省：「HACCP（ハサップ）」(https://www.mhlw.go.jp/stf/seisakunitsuite/bunya/kenkou_iryou/shokuhin/haccp/)
［2］　FDA: "Fight Bac!" (http://www.fightbac.org/food-safety-basics/the-core-four-practices/)
［3］　国立医薬品食品衛生研究所：「食品をより安全にするための5つの鍵」(http://www.nihs.go.jp/hse/food-info/microbial/5keys/who5key.html)
［4］　千葉県立現代産業科学館：企画展「宇宙（そら）の味」(2018/10/13-12/2)パンフレット
［5］　河端俊治・春田三佐夫 編：『HACCP　これからの食品工場の自主衛生管理』、pp. 358-361、中央法規出版、1992 年
［6］　Howard Bauman: "HACCP: Concept, Development and Application", *Food*

Technol, Vol. 44, No. 5, pp. 156-158, 1980
［7］　農林水産省：「コーデックス委員会」(http://www.maff.go.jp/j/syouan/kijun/codex)
［8］　International Organization for Standardization: *ISO 22000: 2018, Food safety management systems−Requirements for any organization in the food chain*, 2018
［9］　厚生労働省医薬・生活衛生局：「第1回　食品の営業規制に関する検討会(平成30年8月1日)」「資料4　今後の検討の進め方等について」p. 3 (https://www.mhlw.go.jp/content/11121000/000343606.pdf)
［10］　厚生労働省：「食品衛生管理の国際標準化に関する検討会最終とりまとめについて」(https://www.mhlw.go.jp/stf/houdou/0000146747.html)
［11］　厚生労働省：「食品衛生法の改正について」「食品衛生法等の一部を改正する法律の概要」「2. HACCP(ハサップ)に沿った衛生管理の制度化」、p. 1 (https://www.mhlw.go.jp/content/11131500/3-2_HACCP.pdf)
［12］　厚生労働省：「HACCP導入のための手引書」(https://www.mhlw.go.jp/stf/seisakunitsuite/bunya/0000098735.html)
［13］　FDA: "Managing Food Safety: A Manual for the Voluntary Use of HACCP Principles for Operators of Food Service and RetailEstablishments (https://www.fda.gov/downloads/food/guidanceregulation/haccp/ucm077957.pdf)
［14］　厚生労働省：「HACCP導入のための参考情報(リーフレット、手引書、動画)」「HACCP(ハサップ)の考え方を取り入れた食品衛生管理の手引き(飲食店編)」(https://www.mhlw.go.jp/file/06-Seisakujouhou-11130500-Shokuhinanzenbu/0000158724.pdf)
［15］　加藤光夫氏のメールマガジン、Vol. 833、2016年3月10日
［16］　豊福肇：標準化と品質管理全国大会における講演「HACCP制度化と食の安全・安心の国際的動向」、2017年10月11日

第 2 章

❖

HACCP の土台である食品衛生 7S の構築

2.1　厚生労働省「食品製造におけるHACCP入門のための手引書」と食品衛生7S

　従来、厚生労働省が発表する文書類では、経済産業省などが推し進めている5S活動などに言及することはなかった。しかし、2014年から、厚生労働省はHACCPを推し進めるに当たって、5S活動を積極的に利用することを言い出した。しかし、その5S活動は、一般的な製造業の5S活動とは違い、内容的には食品衛生7Sと同じ「清潔」を目的とするものである。

(1)　厚生労働省の「食品製造におけるHACCP入門のための手引書」の概要

　図1.11でも紹介したが、厚生労働省の「食品製造におけるHACCP入門のための手引書」[1]は、以下の13業種の内容がWebページからダウンロードできる。

- 焼菓子編
- 麺類編
- 食肉製品編
- 水産加工食品編
- 生菓子編
- と畜・食肉処理編
- 容器包装詰加圧加熱殺菌食品

- 豆腐編
- 乳・乳製品編
- 清涼飲料水編
- 漬物編
- 大量調理施設編
- 食鳥処理・食鳥肉処理編

---

1) 厚生労働省:「HACCP導入のための手引書」「食品衛生管理の国際標準化に関する検討会最終とりまとめ」(https://www.mhlw.go.jp/stf/seisakunitsuite/bunya/0000098735.html)(アクセス日:2018/11/29)

2.1 厚生労働省「食品製造における HACCP 入門のための手引書」と食品衛生 7S

　以上は、それぞれ本編と付録からなり、本編が同じ章題の第 3 章から成っていることが共通している。また、共通する章題だが、第 1 章は「食の安全と HACCP（ハサップ）」、第 2 章は「製造環境整備は 5S 活動で実践！」、第 3 章は「HACCP 導入手順の実践（導入のための 7 原則 12 手順）」である。

　厚生労働省の「食品衛生管理の国際標準化に関する検討会」はその最終とりまとめ[2]のなかで衛生管理（HACCP）についての基本的な考え方を以下のように述べている。

　「一般衛生管理は、食品の安全性を確保する上で必ず実施しなければならない基本的な事項であり、加えて、食中毒の原因の多くは一般衛生管理の実施の不備であることから、食品の安全性を確保するためには、施設設備、機械器具等の衛生管理、食品取扱者の健康や衛生の管理等の一般衛生管理を着実に実施することが不可欠である。このため、一般衛生管理をより実効性のある仕組みとする必要がある。

　その上で、HACCP による衛生管理の手法を取り入れ、…（中略）…我が国の食品の安全性の更なる向上を図ることが必要である。」

(2)　厚生労働省が定義する 5S 活動の概要

　衛生管理（HACCP）の具体的な手法として、厚生労働省は 5S 活動の実践を推奨している。5S 活動の定義およびその目的については、上記「食品製造における HACCP 入門のための手引書」の第 2 章「製造環境整備は 5S 活動で実践！」のなかの記述が参考になる。

　「5S 活動は、食品の安全を確保していく上で基本となります。5S が

---

[2]　厚生労働省：「食品衛生管理の国際標準化に関する検討会最終とりまとめについて」「（別添）最終とりまとめ」(https://www.mhlw.go.jp/stf/houdou/0000146747.html)（アクセス日：2018/11/29）

第 2 章　HACCP の土台である食品衛生 7S の構築

きちんと機能していないと HACCP は有効に機能しません。5S は「整理」、「整頓」、「清掃」、「清潔」、「習慣」であり 5 つをローマ字にした時 (Seiri, Seiton, Seisou, Seiketsu, Shuukan) の頭文字の「S」をとって 5S と名付けられました。この活動の目的は「清潔」で、食品に悪影響を及ぼさない状態を作ることです。5S 活動を実行し、食品の製造環境と製造機械・器具を清潔にすることで食品への二次汚染や異物混入を予防することができます。」

5S 活動のポイントは、まずトップが「5S 活動を導入する決意」と「5S 活動を通じて得たい効果」を文書化して「方針の決定」をした後、その実践のために「チームの結成」をして、そのチームで「工場点検」を行うことである。このとき、一般衛生管理の製造環境における衛生管理として、以下の 6 項目それぞれの手引書を作成し、実践して、記録を残すことが求められている。

① 施設の衛生管理
② 食品取扱設備等の衛生管理
③ そ族及び昆虫対策
④ 廃棄物及び排水の取扱い
⑤ 食品等の取扱い
⑥ 使用水等の衛生管理

また、従業員の衛生管理として「人の衛生」「手洗い」についても手引書を作成して実行することが求められている。

(3)　食品衛生 7S の概要

上記で紹介した「食品製造における HACCP 入門のための手引書」、第 2 章「製造環境整備は 5S 活動で実践！」であるが、本来の 5S の目的が「効率」であるのに対し、「清潔」を目的としており、実は NPO

表 2.1　食品衛生 7S 各要素それぞれの定義

7Sの要素	定義
整理	要るものと要らないものとを区別し、要らないものを処分すること
整頓	要るものの置く場所と置き方、置く量を決めて識別をすること
清掃	ゴミやほこりなどの異物を取り除き、きれいに掃除すること
洗浄	水・湯、洗剤などを用いて、機械・設備などの汚れを洗い清めること
殺菌	微生物を死滅・減少・除去させたり、増殖させないようにすること
躾	「整理・整頓・清掃・洗浄・殺菌」におけるマニュアルや手順書、約束事、ルールを守ること
清潔	「整理・整頓・清掃・洗浄・殺菌」が「躾」で維持し、発展している製造環境

法人食品安全ネットワークが提唱し普及している食品衛生7S(整理・整頓・清掃・清掃・洗浄・殺菌・躾・清潔)そのものといえる。

　食品衛生7Sの特徴は、5Sに「洗浄」「殺菌」を加え、目的を「微生物レベルの清潔」にしたことにある。ここで、食品衛生7Sにおける各要素それぞれの定義は**表 2.1**のとおりである。

　「微生物レベルの清潔」を目的とする食品衛生7SはHACCPシステムの土台となるものである。そのため、食品衛生7Sの構築・維持・発展を達成することでHACCPが有効に機能するようになる。

2.2　食品衛生7S活動による改善事例

　ここでは、HACCPシステムの土台となる食品衛生7S活動による改善事例を各項目に従って紹介する。

第 2 章　HACCP の土台である食品衛生 7S の構築

（1）　整理

　整理の極意は、不要なものを捨てることである。

　食品製造現場にいる人は「現場にあるもののうちで、何が要らないものであるのか」をわかっている場合が多い。しかし、処分できるのはしかるべき権限のある人であり、この人たちは「もったいない」「いつか使う」と思いがちである。実際に経営者や役員はそのように言うことが多い。要・不要の判断がつかない場合（廃棄する決断ができない場合）は、可能な限り製造現場の外に移動させ、再度の判断をするべき期限を定めたうえで、一時保管するのが適切である。

　まず、一斉に製造現場から不要物を一掃するのが肝要である。もったいないのは、必要かもしれないものを捨てることではなく、不要かもしれないものを置く場所とそれがあるためにかかる物探しの時間なのである。

　以下、ある会社で整理を行ったときの不要品と一時使用品の例を**写真 2.1** および**写真 2.2** で紹介する。

出典）　鶏卵肉情報センター：『月刊 HACCP』、2013 年 8 月号
写真 2.1　製造現場の不要品（例）

2.2 食品衛生 7S 活動による改善事例

出典) 鶏卵肉情報センター:『月刊 HACCP』、2013 年 8 月号
写真 2.2 廃棄の判断がつかなかった一時保管品(例)

　まず、**写真 2.1** は、整理の結果、排除することになった製造現場の不要品の例である。これだけの不要品が製造現場にあると、当然、製造現場が狭くなるため、作業効率は悪くなる。また、不要品は全く動かさないため、日常的な清掃の邪魔となり、ゴミやほこりが溜まるため、工場内が不衛生になってしまう。

　写真 2.2 は廃棄の判断がつかなかった一時保管品である。整理をしていると、「今使っていないが、いつか使うかもしれない」と判断に迷う物が出てくる。そのような物については、とりあえず製造現場から出して、別の場所に一次保管をしてみる。そして、例えば、「半年間とか1年間、使わなかったら廃棄する」といったルールを決め、決めた期間が過ぎたら廃棄するようにする。

　整理の際に重要なのは「とにかく思い切って現場がガラーンとなるくらいの勢いで要らない物を処分すること」であり、これが整理の目標になる。この際、食品衛生 7S を進める経営トップの強い意思が社内に伝わっていないとうまくいかない。

　以上、整理によって製造現場には要る物だけが残った状態となる。

第 2 章　HACCP の土台である食品衛生 7S の構築

(2)　整頓

　整理の次に行う整頓の極意は「3定」である。つまり、「定位」「定品」「定量」であり、その意味は「"決めた位置に""決めたものを""決めた数"だけ置くという作業の結果を、誰が見てもわかるように表示して識別しながら進めていく」ということである。

　この「3定」については、場所(作業域内・職場域内・倉庫内)によって、レベルを変えることが必要である。例えば、原材料などを保管するとき、作業域内・職場域内・倉庫内では自ずと保管数量は異なる。また、工具などについては、「頻繁に使用するもの」「月に1回くらい使用する」「半年に1回くらい使うもの」など、使用頻度によって保管方法や保管場所を決めていく。

　写真2.3は、黄色のラインを引いて通路を確保することで、物の置場の境界線を明確にして定位置管理を行った例であり、実際に限られたスペースの有効利用に効果を上げている。

出典)　角野久史・米虫節夫 編：『食品衛生7S実践事例集7』、鶏卵肉情報センター、2015年

写真2.3　定位置管理の例1

2.2 食品衛生 7S 活動による改善事例

写真 2.4 は、「物の置く場所」「保管する物」を決めたうえで、その名前を通路を区分けするための黄色のテープに表示することで定位置管理をした例である。これによって、必要な物がすぐ探せるようになり、探す時間の短縮ができた。

写真 2.5 は、原材料の適正在庫数と発注点（一定数以下になったら発注するライン）を見える化したポスターの例である。このように定量管理を行うことで適正な在庫の管理をより効率的にできるようになる。

写真 2.6 は包装資材の定位置管理の例である。誰が見てもわかるように表示して識別することで必要なものが一目でわかるので、ものを探す手間が省けるうえに、包材の誤使用防止にもなっている。万が一、包材の誤使用が起こった場合には、「アレルゲン」の表示が誤ってしまったり、そもそもなかったりするため、製品の回収を行わなければならなくなる。そのため、包装資材の定位置管理は特に重要である。

写真 2.7(a) は整理・整頓前の工具箱である。さまざまな工具が無造作に入れられており、必要な工具を探すのに時間がかかっていた。そのため、工具箱の中の必要な工具だけをパネルにかけることで整理を行い、

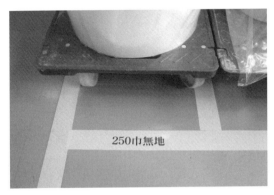

出典） 角野久史・米虫節夫 編：『食品衛生 7S 実践事例集 7』、
鶏卵肉情報センター、2015 年

写真 2.4 定位置管理の例 2

第 2 章　HACCP の土台である食品衛生 7S の構築

出典）　角野久史・米虫節夫 編：『食品衛生 7S 実践事例集 7』、
　　　　鶏卵肉情報センター、2015 年
写真 2.5　原材料の適正在庫数と発注点を見える化したポスターの例

写真 2.6　包装資材の定位置管理の例

その後、表示や姿絵によって整頓を行って、定位置および定数管理を行った（**写真 2.7**(b)）。さらに、「現在、誰が何を使用しているか」がわかるように使用している工具のところに名札を掛けるようにした。このことで使った工具が元に戻らないということはなくなった。

2.2 食品衛生 7S 活動による改善事例

　　　(a)　整理・整頓前の工具箱　　　　　(b)　整理・整頓後の工具

出典)　角野久史・米虫節夫 編:『食品衛生 7S 実践事例集 7』、鶏卵肉情報センター、2015 年
写真 2.7　整理・整頓の前と後(例)

(3) 清掃

　食品の製造現場における清掃の極意は、食品残渣などを徹底的に除去することである。なぜなら、油脂原料や粉体原料をはじめとした食品残渣を放置しておくと、昆虫類が内部発生したり、カビ酵母や細菌類が増殖したりするなど、重大な食品事故が発生する原因となるからである。

　清掃は、見える汚れを除去することから始めるとよいのだが、「誰が、いつ、どのように除去するのか」が決まっていないと適切な清掃ができない。そのため、必ず清掃の手順をつくってルール化し、清掃の実施記録も作成することで確実に清掃が実施できるようにする。

　例えば、製造現場内の器材にキャスターを取り付けることで清掃時に簡単に移動できるよう工夫すれば、裏側に溜まるホコリなどの定期清掃を容易かつ確実に実施できるようになり、効率よく清掃できるようになる(**写真 2.8**(a))。このように、清掃の効率化のために備品にキャスターを取り付けて簡単に移動できるよう工夫するのは、例えば大型のロッカーにも応用できる(**写真 2.8**(b))。

　重量のある器材の場合、下が狭くなって床が清掃不良になりやすいた

第2章　HACCPの土台である食品衛生7Sの構築

　　(a)　キャスターへの取り付け(例)　　　(b)　ロッカーへの取り付け(例)

出典)　角野久史・米虫節夫 編:『食品衛生7S実践事例集7』、鶏卵肉情報センター、2015年

写真2.8　効率よく清掃できるための工夫(例)

出典)　角野久史・米虫節夫 編:『食品衛生7S実践事例集7』、
鶏卵肉情報センター、2015年

写真2.9　昆虫類の発生予防策(例)

め、しばしば昆虫類の発生源になってしまう。このため、脚部に鉄骨を加工したものを用いてかさ上げすることで、清掃の精度を向上させて、昆虫類の発生を予防できる(**写真2.9**)。このほかにも床下が清掃不良になるのを防ぐ例として、包装前の製品の粉やクズの落下防止のためにコンベア下へ受け皿を設置するやり方もある。**写真2.10**の例では、実際に製品の粉やクズが床面に落下するのが防止できたので、床清掃にかかる時間が短縮され、清掃が楽になった。

2.2 食品衛生7S活動による改善事例

出典) 角野久史・米虫節夫 編：『食品衛生7S実践事例集7』、鶏卵肉情報センター、2015年

写真2.10 床清掃にかかる時間短縮策（例）

(4) 洗浄

洗浄は「汚れた設備や備品の汚れをとる後始末が主目的ではなく、次の作業を汚れのない状態で行うための前作業と捉えること」が極意である。

洗浄を行うことで汚れとともに多くの微生物も除去できる。そのため、次の殺菌をより確実に行うためにもしっかり洗浄しておくことが肝要である。

食品製造現場における洗浄の方法は、対象物および汚れの質や量に応じて決めていく必要がある。

具体的なやり方には、汚れをこすり落とすブラッシングによる洗浄のほか、水圧により汚れを除去する高圧洗浄、洗剤を泡状にして対象物に付着させて汚れを落とす泡洗浄、また配管内の汚れを洗剤や熱水などの循環によって汚れを落とすCIP洗浄[3]などの方法がある。

---

3) Cleaning In Place の略称。「定置洗浄」と訳される。つまりは、「装置を分解せずに装置内部を洗浄剤などで自動的に洗浄を行うシステム」のことである。

洗浄の際に使用する洗剤もそれぞれの汚れの質によって使い分ける。例えば、通常使用する中性洗剤、油分やたんぱく質の汚れに用いるアルカリ洗剤、牛乳などに由来するカルシウム分の固着を除去する場合などに使用する酸洗剤という具合である。

(5) 殺菌

　食品安全の最大の問題である食中毒の防止とそのための微生物汚染対策として、最も大事なSが殺菌である。殺菌の極意は、整理・整頓・清掃・洗浄の4Sを十分に行っておくことである。

　十分な洗浄を通じて大半の微生物は除去できる。しかし、それでも残存する微生物がいるので、それらが製品に対して悪影響を及ぼす場合には殺菌作業が必要となる。微生物危害の防止三原則「①つけない」「②増やさない」「③やっつける」においても、殺菌は洗浄と並んで重要な役割を担っている。

　殺菌を実施する際に重要になるのは、「食品に対する安全性」「環境」「コストへの配慮」で、これらの観点から一般的に次の3種類の方法を組み合わせて実施されていることが多い。

　① 加熱によるもの
　② 塩素系殺菌剤によるもの
　③ エタノールによるもの

　殺菌を実施する際には、洗浄と同様に「誰が、いつ、どのようにする」を手順として定めたうえで、実施記録も作成することが求められる。

　食品製造の現場では一般的に「清掃」「洗浄」「殺菌」の作業に時間を要するので、そのための人および時間の確保を行うことが経営層にとって重要な課題となる。

　こうした課題に応えるために食品衛生7Sの活動の一環として清掃

2.2　食品衛生 7S 活動による改善事例

取り組むと、「少しでも楽に・簡単に」「少しでも効率よく」「少しでも精度よく」改善できるような着眼点をもつことができるため、普段の改善活動への大きな効果が期待できる。

このような改善活動を行うための基礎として、非常にシンプルで使いやすい清掃・洗浄・殺菌の手順書と実施記録のフォーマットが行政の Web ページで配付されているので、このようなものを参考にしながら改善への第一歩を進めるとよい（**図 2.1**、**図 2.2**）。

洗浄および殺菌の効果を確認するには、拭き取り検査によって残存微生物数を確認したり、ATP 拭き取り検査[4]における ATP ルミテスター[5]によって清浄度を確認したりすることが有効である。

写真 2.11(a)は、洗浄機で洗浄した後、洗浄の効果を確認するために弁当容器の清浄度を ATP ルミテスターで測定している場面である。この結果が**写真 2.11**(b)で表示されている 264RLU という数値である。これは細菌数ではなく清浄度を表しているが、樹脂製の弁当の容器の検出基準は 500RLU 以下なので、洗浄が効果的に行われたことが示されたことになる。このくらいの数値の容器に食品を詰めることで安全な弁当を届けることができるのである。

---

[4]　キッコーマンバイオケミファの測定器紹介 Web ページ（https://kyodonewsprwire.jp/release/201703029435）によれば、以下のとおりである。
　「ATP（アデノシン三リン酸）は、生きているすべての細胞中に含まれている生物のエネルギー物質です。微生物や食品残渣（ざんさ）にも含まれ、汚れの指標とされています。
　ホタルは、体内の ATP と、酵素ルシフェラーゼ、発光物質ルシフェリンを反応させて光ります。「ATP 拭き取り検査法」は、この発光原理を応用して ATP 量を測定し、汚れを数値化するものです。わずか 10 秒程度で清浄度が測定でき、食品工場や厨房、医療現場などで広く普及しつつあります。」

[5]　汚染物質を ATP 量として高感度に測定し、10 秒で結果が得られるため、その場で衛生状態の改善ができる。

第2章　HACCP の土台である食品衛生 7S の構築

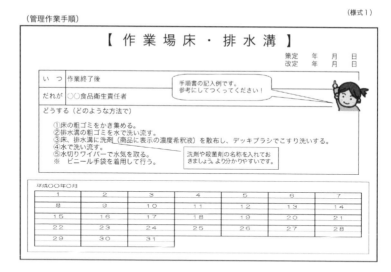

出典）　京都府：「京の食品安全管理プログラム導入の手引」、p. 35（http://www.pref.kyoto.jp/shokupro/haccp.html）（アクセス日：2018/11/29）

図 2.1　手順書と実施記録のフォーマット使用例 1

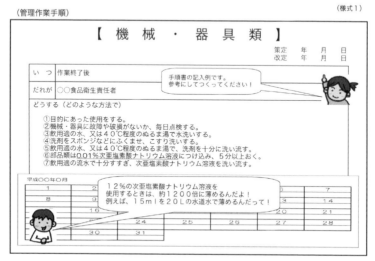

出典）　京都府：「京の食品安全管理プログラム導入の手引」、p. 38（http://www.pref.kyoto.jp/shokupro/haccp.html）（アクセス日：2018/11/29）

図 2.2　手順書と実施記録のフォーマット使用例 2

2.2 食品衛生 7S 活動による改善事例

　(a)　弁当容器の洗浄度測定　　　(b)　弁当容器の洗浄度測定結果

写真 2.11　ATP ルミテスターによる拭き取り検査(例)

(6)　躾

　躾の極意は、決められたルールを全員が守ることである。

　自分たちが決めたルール、組織や社会で決められた規則や法令を当然のこととして実行できる環境でなければ、何をやってもうまくいかなくなる。そのため、ルールや規則などが守れない状態である場合には、その具体的な状況に応じて対応するとよい(躾の三原則)。

①　ルールを知っているのに、守らない場合

　この場合、「ルールを守らないとどのような不具合が起きるのか」をしっかり言い聞かせることが必要となる。例えば、手洗いルールを知っているのに守らなかった従業員に「不十分な手洗いはノロウイルスによる食中毒の原因になる」と面倒がらずにしっかり言い聞かせることが重要となる。

②　ルールを知っているが、守れない・守りにくい場合

　この場合はルールを見直したり、内容の改訂を行うことが必要となる

ため、改善案を提案する活動が重要となる。

③　ルールを知らなかった場合

この場合、ルールを納得するまで教えることが必要となる。特に新人パートタイマーや海外の技能実習生に対しても、漏れなく教育する必要がある。

また、ルールを周知させるためには、新入社員にも、外国人労働者にもわかりやすい写真中心のマニュアルを作成して掲示することが重要である。例えば、粘着ローラー掛けについて、「しっかりやれ」と言葉だけで終わらせるのではなく、「具体的に、どの部分を、どのように、どれくらい行うのか」を写真で示すことで、マニュアルのわかりやすさが改善される（**写真 2.12**）。

今や食品工場で数多くの技能実習生が働くことは当たり前の光景に

写真 2.12　写真を活用したマニュアル（例）

2.2 食品衛生 7S 活動による改善事例

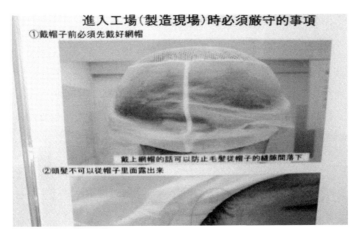

写真 2.13 技能実習生用のマニュアル（例）

なっている。そのため、技能実習生にも食品衛生 7S の取組みに参加してもらう必要がある。そのため、例えば、**写真 2.13** のように、「帽子を被る前には必ずネットを被る」「帽子から頭髪がはみ出ないようする」といった内容を、技能実習生の母国語（写真例は中国語）バージョンに対応させたうえで、写真を添える工夫が求められる。

(7) 清潔

　食品衛生 7S の目的が清潔であり、そこで求められるレベルは微生物レベルの清潔である。これを達成することで、食品安全の中心的課題である食中毒の防止、そのための微生物防染対策が完結する。

　汚れた職場に慣れてしまうと「この程度でいいのだろう」といういい加減な気持ちが常態化し、無意識のうちに仕事にも集中しなくなりがちである。そうなると、不良品が発生しやすくなったり、商品クレームが増加したり、労働災害が発生しやすくなったりする。このような不具合が引き起こされる確率が上がることで、食品製造業にとって危機的な状

況を生み出す可能性も増えていく。

「職場をより清潔にしよう」とする意識が定着すれば、「もっと綺麗にしよう」という気持ちが共有されるので、組織の内部でよいコミュニケーションがとられるようになり、気持ちよく働くことができ、従業員のやる気が高まるため、結果的にフードディフェンスも含めた食品安全を達成することができる。

2.3　食品衛生7Sができていたら防ぐことのできた食品事故の事例

2018年6月に食品衛生法が一部改正され、HACCPの考え方を取り入れた衛生管理が導入された。その背景の一つに2020年の東京オリンピック・パラリンピックがある。この巨大なイベントを通じて、わが国の食品衛生の水準を国内外に示す必要性があるためである。

わが国では食の安心・安全が疎かにされているわけではないのだが、日本の食品衛生管理は国際的に見て問題があることも確かである。

わが国では主要な先進国で義務化されているHACCPの導入が遅れている。また、年間で報告される食中毒は1,000件前後発生し、患者数は20,000～25,000人おり（そのうち毎年10人前後の人が不幸にして亡くなっている）のが現状である[6]。さらに、異物混入や表示の誤記載、微生物の汚染などによる回収事例は公表されたものだけで年間約1,000件に達している。

以上のような食品事故のなかには、「食品衛生7Sができていたら明

---

6) 厚生労働省：「4. 食中毒統計資料」「平成29年(2017年)食中毒発生状況」(https://www.mhlw.go.jp/stf/seisakunitsuite/bunya/kenkou_iryou/shokuhin/syokuchu/04.html)（アクセス日：2018/11/29）

2.3 食品衛生 7S ができていたら防ぐことのできた食品事故の事例

らかに防ぐことのできた事例」が数多くある。そのため、そのような事例のいくつかを通じて、食品衛生 7S の重要性を改めて解説する。

(1) 食中毒の事例

(a) 躾の不備の事例：大手乳業 A 社が大阪工場で製造した「低脂肪乳」を原因として起きた大規模な集団食中毒

2000 年 3 月 31 日、A 社の北海道工場で脱脂粉乳を製造中、停電が起きたため製造ラインが止まった。この際、脱脂粉乳中の黄色ブドウ球菌が増殖し毒素であるエンテロトキシンを産出した。しかし、A 社ではその脱脂粉乳をそのまま原料とし、A 社の大阪工場にて低脂肪乳を 130℃で 2 秒間の殺菌をした後に製造・販売した。その結果、2000 年 6 月 27 日に最初に食中毒の届出がなされて以降、報告があった有症者数は 14,780 名に達した。

この事例における第一の問題は本来廃棄処分にすべき毒素残存脱脂粉乳を製造に回したことである。また、第二の問題として食中毒発生後に社告の掲載や記者会見、製品の自主回収などの措置が遅れて被害が拡大したことが挙げられる。そして、第三の問題として A 社は 1995 年に施行された日本版 HACCP といわれる「総合衛生管理製造過程」を最初に取得した企業だったにもかかわらず、このような事件を起こしたことが挙げられる。

「総合衛生管理製造過程」の承認制度は「事業者が HACCP の考え方にもとづいて自ら設定した食品の製造の方法およびその衛生管理の方法について、厚生労働大臣が承認基準に適合することを個別に確認するもの」であり、承認の対象となる食品は「乳、乳製品、食肉製品、容器包装詰加圧加熱殺菌食品(レトルト食品)、魚肉練り製品、清涼飲料水」である。また、「総合衛生管理製造過程」が承認されるためには、工程に

第2章　HACCPの土台である食品衛生7Sの構築

沿って工場の清潔区域や汚染区域などを区分できるよう製造設備についての仕組みを求められたが、「取得・維持のコストがかかる」ために、中小が多くを占める食品企業から敬遠された経緯がある。

実は、A社は全国乳業メーカーの総合衛生管理製造過程のモデル工場になっていたために、この大規模食中毒事件によって「総合衛生管理製造過程」の承認制度に対する信頼は失墜したのである。

「総合衛生管理製造過程」の承認を受けながら、大規模な食中毒事件が発生した根本的な原因は、「社内基準を逸脱し、本来ならば廃棄しなければならない素材を流通させて最終製品を製造・出荷したこと」にある。これは、つまり食品衛生7Sの躾(決めたことを守る)ができていなかったということである。

(b)　洗浄(手洗い)不備の事例：浜松市のB小学校における学校給食を通じた集団食中毒[7]

2014年1月14日、浜松市のB小学校の給食に提供された食パンが原因で1,271人がノロウイルスの食中毒になったため、以下のような原因食品の調査が行われた。

ノロウイルスは85℃〜90℃で90秒以上加熱すれば失活する。そして、B小学校の給食は自校方式で給食室調理にて十分な加熱がされていたので、原因食品は学校で加熱できない学校以外から仕入れていた食品(牛乳と食パン)のみに絞られた。ここで、牛乳は浜松市外の学校でも流通しており、他の地域では食中毒が発生していなかったために候補から外れたので、原因食品はパンに絞られた。

さらなる調査の結果、食中毒が発生した学校に食パンを納入していた

---

[7]　日本食糧新聞社：「特集1　ノロウイルス感染から工場を守る」『月刊食品工場長』、2014年11月号

2.3 食品衛生7Sができていたら防ぐことのできた食品事故の事例

のはすべて同一業者が製造したものだと判明し、原因食品は食パンに断定された。

しかし、食パンは生地を200℃で50分焼成するので、生地がノロウイルスに汚染していたとしても失活するはずである。そのため、焼成後にノロウイルスの汚染が発生したものと考えられた。

こうして、焼成後の工程に従事する従業員23人にノロウイルスの検査が行われた結果、4人からノロウイルスが検出された。この4人は「食パンに異物がついていないか」について食パン一枚一枚を検品していたのである。しかし、それは手袋を着用したうえでのことだった。

実はこの4人については、用便後に手洗いが不十分であり、汚染していた手で手袋を着用したために、手に付いたノロウイルスが手袋を汚染し、結果、食パンにノロウイルスが付着するのを防げなかったのである。つまり、このケースでは、食パンの製造工程でノロウイルスを失活させることができたはずなのに、手洗いが不十分だったために重大な食中毒を引き起こすに至ったのである。

手洗いは食品衛生7S(一般衛生管理)のうちの洗浄である。食パン製造業者が食品衛生7Sに取り組んでいれば食中毒は起きなかっただろう。

(c) 個人衛生管理不備の事例：東京都(立川市・小平市)のC小学校、和歌山県(御坊市)の小中学校における学校給食を通じた集団食中毒

2017年2月、東京都(立川市)のC小学校で1,000人あまりが集団食中毒となった事件について、調査の結果、東京都は「原因は給食の親子丼に使われていた「きざみのり」である」と発表した。

給食の「親子丼」に使われた「きざみのり」と仕入先に保管されていた賞味期限が同じ「きざみのり」からノロウイルスが検出されたこと、また、食中毒患者のウイルスと遺伝子配列が一致したことが決め手となった。そして、2017年1月に和歌山県(御坊市)の小中学校で給食を

食べた生徒ら800人以上が食中毒となった問題でも、原因の磯和えに同じ「きざみのり」が使われていたことが判明した。

さらなる調査の結果、東京都と和歌山県の給食に共通して使われていた「きざみのり」の加工業者D本舗がウイルスの発生元に特定された。

東京都および和歌山県の小中学校で計2,000人あまりの発症者を出した「きざみのり」の販売元は大阪市のF屋であり、商品はD本舗側に裁断などの加工を委託したものであった。

F屋を調査した大阪市の調査により、立川・小平・御坊の3市の患者から検出されたノロウイルスの遺伝子型と、D本舗加工所の裁断機などに付着していたウイルスの型が一致した。この調査によって、D本舗の作業者が2016年12月に体調不良で嘔吐の症状を示していたことも判明した。つまり、従業員がすでにノロウイルスを発症しているにもかかわらず作業をさせていたのである。

この事例の背景には、従業員の健康管理について「製造に従事していいかどうか」を判断する規則がなかったことが挙げられる。入室前に健康に関するチェックを行うべきであった。そうすれば、下痢や嘔吐をしている場合、ただちに病院で治療を受けさせる機会もあったはずである。

従業員の衛生管理規定を作り、それを遵守する仕組みを作ればこのような事態を防げる。これも食品衛生7Sである。

(2) 異物混入の事例

異物混入が起きた場合、その原因は以下の2つのうちどれかである。つまり、「①整理・整頓・清掃についての手順書がないこと」「②手順書があってもその内容を守れるほど躾が徹底されていないこと」である。

HACCPを構築し運用できたとしても、このように食品衛生7Sが不徹底だと食品製造現場は清潔でなくなるため、異物混入を避けることは

2.3 食品衛生 7S ができていたら防ぐことのできた食品事故の事例

できなくなる。

(a) 金属片の混入：学校給食における金属片の混入 1

　学校給食でスライスパンや米粉パンに、ざるに使われるようなステンレス製の長さ約 17mm の金属片が混入していたのが見つかった。

　通常、ステンレス製のざるや包丁などの金属製の備品類は、使用前と使用後に点検をする必要がある。なぜなら、使用前に正常でも、使用後の点検で金属製の備品に欠けや割れが発見される場合があるからである。

　金属製の備品類については、取扱いマニュアルを作成し、それを遵守しなければならない。そして、日々の業務のなかで取扱いマニュアルを遵守するためには躾の程度が問題となる。例えば、金属探知機がない場合でも、金属異物が発生する可能性がある包丁や金ざるなどの備品類やスライサーなどの機械類について「使用前に欠けや割れはないか」の確認を徹底してから作業を始める。そして、作業が終わった後には出荷までに「作業途中で欠けや割れがなかったか」を確認するのである。もちろん、欠けや割れがある場合には、該当する製品の出荷を停止して、異物の発見に尽くしたうえで、原因の調査および今後の対策を行う。

(b) 金属片の混入：学校給食における金属片の混入 2

　学校給食で約 4cm に及ぶ糸状のステンレス製の破片が混入しているのが見つかった。調査の結果、混入した破片は学校給食センターで使っていたステンレス製たわしの一部とみられている。

　ステンレス製のたわし（いわゆる、金たわし）は、こびりついた汚れを落とすにはよい反面、折れやすく、使用中に異物として食品に混入しやすい性質があるため、食品製造現場では持ち込みが禁止されている。

　金たわしの持ち込みを許した原因は、「要るものと要らないものとを区別し、要らないものを処分する」という整理ができていなかったこと

にある。不要な金たわしは本来処分しなければならないからである。そして、整理ができなかった背景には、金たわしの汚れがよく落ちる性質を惜しんで、たとえ使用禁止の規則に背いても無断で持ち込む心理を許したこともあるだろう。つまり、躾ができていなかったのである。

この事例では、「知っていてルールを守らない」ので「厳しくしかる」必要があった。つまり、「なぜ金属たわしを使用してはいけないのか」「使用したら金属異物になる可能性があること」を教えるべきだった。

(c) 樹脂片の混入1：学校給食におけるビニール片混入

学校給食で横幅約1cm、縦幅約6mmの三角形のビニール片の混入が見つかった。調理員がうどんの包装をはさみで切った際に袋の切れ端が混入したとみられている。

実は原料の包材の切れ端が混入する事例は、これに限らず数多くあるため、原料の袋を切る道具や切り方のルールなどをあらかじめ決めておくことが必要になる。

例えば、「使用する刃物は、ハサミではなく、鋭利な一枚刃のカッターナイフが適している。ハサミだとギザギザに切れてしまい包材の破片が入る可能性が出てくるからである」とか「切り方は、袋の一辺をすべて切り取らずに5cmほど残しておく。脱落が防げるからである」などのように包材の開封マニュアルを定めたうえで、それを遵守する。

このようなルールを決めた後にやっと「食品衛生7Sの躾（決めたことを守る）をいかに徹底するか」という問題に取り組める。

(d) 樹脂片の混入2：学校給食におけるプラスチック片混入

学校給食で横幅約2cm、縦幅約6mmのプラスチック片の混入が見つかった。その後の調査で、プラスチック片は料理の温度を測る温度計を保管するケースの一部だと判明した。調理の際に混入したとみられてい

2.3 食品衛生7Sができていたら防ぐことのできた食品事故の事例

る。

　この事例では、温度計を使用したとき、温度計のケースについては特に保管場所が決められていなかったので、ケースに入れたままで料理の温度を測っていたのである。つまり、温度計について「要るものの置く場所と置き方、置く量を決めて識別をすること」(整頓)ができていなかったのである。

　この場合、あらかじめ温度計を置くべき位置を定めて、温度計とわかる表示を温度計ケースにしたうえで、さらに別の保管ケースを用意して、そこに入れる。そして、温度計を使用するときには、温度計本体を取り出した空のケースを保管ケースに入れておく。このようにしておけば、温度計ケースの一部が混入することはなくなる。

(e)　毛髪混入

　顧客からの異物混入のクレームで、一番多いのは毛髪の混入と昆虫の混入である。人の毛髪は約10万本といわれ、その寿命は4～6年(平均5年)であり、抜け替わりの時期は一本一本ばらばらなので、毎日のように抜ける毛髪が出てくる。つまり、10万本が5年で抜け替わるので1年間で平均約2万本が抜け落ちる。これを1日当たりに換算すると1日に平均で約55本も抜け落ちる計算になる。

　さて、1日に約55本もの毛髪が落下するとしても、食品製造現場では1本の落下も許されない。食品企業の従業員にとって毛髪の管理は必須なのである。例えば、毎日の洗髪は必須で、このとき1日に落下する90％以上が落下する。また、残りの約10％についても出勤前の頭のブラッシングのときに落ちるといわれている。

　このように毛髪の混入を防止する取組みは、従業員個人が頭と体を毎日洗浄するという個人的な衛生管理で十分に達成できるものなのである。

(f) 昆虫混入

毛髪の混入と並んで多い昆虫の混入ルートは、食品製造現場の内部で発生する場合と、外部から侵入した場合に大別される。

現場の内部で昆虫が発生するのを防止するためには、食品衛生 7S の維持・発展を通じて、工場内を清潔に保つことが重要である。これができれば、工場内部からの発生が防止できるうえに、工場から外部へと誘引する臭いなどもシャットアウトできるので、外部からの侵入も防止できる。

2.4 食品衛生 7S の導入方法

食品衛生 7S を導入するとき、本節に紹介する方法で行うのがよい。食品衛生 7S は正しく導入しないと名前だけの活動となるため、期待できるはずの大きな成果が得られないことに注意する。

(1) トップの導入宣言

食品衛生 7S を導入する際には、まず、経営トップがこれを導入するという方針を明らかにする必要である。トップがやる気になって、経営資源を投入したうえで、活動方針を明確にしなければ、食品衛生 7S 活動を定着させることはできない。そのため、最初のステップとして、トップが「食品衛生 7S 導入宣言」を組織全体に周知する(**図 2.3**)。

(2) 食品衛生 7S 委員会の設置と運営

トップの「食品衛生 7S 導入宣言」ができたら、次に食品衛生 7S を

2.4 食品衛生 7S の導入方法

食品衛生 7S 導入方針

食品衛生 7S の仕組みを構築し、お客様満足を実現します。

2018 年 9 月 15 日
株式会社　〇〇食品
代表取締役　品質 太郎

図 2.3　トップの食品衛生 7S 導入宣言（例）

展開するための組織「食品衛生 7S 委員会」を立ち上げる。

食品衛生 7S 委員会の役割は、「トップの出した方針にもとづいて日常の食品衛生 7S 活動を進め、個別の状況把握と指示を出すこと」「食品衛生 7S 活動で実施した結果をトップに報告すること」である。

トップの出した方針を現場に徹底させ、現場の情報をトップに伝える媒介として食品衛生 7S 委員会の存在は必須である。そのため、食品衛生 7S 委員会の理想形は、「委員長は経営トップが務め、実務的な責任者である副委員長は工場長が務めて、それを補佐する事務局は品質管理部門が主導しながら、各部門からそれぞれ委員を出していく」というものになる（図 2.4）。ここで選出される委員については必ずしも部署の責任者である必要はなく、やる気のある若い従業員やパート従業員でも差し支えはない。しかし、委員の人選に当たっては、製造を担当する部門以外の営業・開発・総務部門などからの出身者を意識して入れることで、第三者に近い観点を利用することを意識するとよい。

第 2 章　HACCP の土台である食品衛生 7S の構築

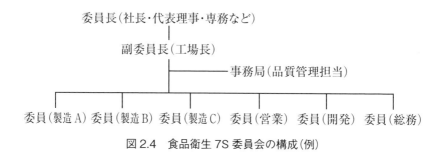

図 2.4　食品衛生 7S 委員会の構成（例）

（3）キックオフ大会

　食品衛生 7S は全社的活動である。そのため、食品衛生 7S を導入するということを全従業員に周知することは必須である。トップの「食品衛生 7S 導入宣言」ができ、「食品衛生 7S 委員会」を立ち上げることができたら、全従業員を対象としたキックオフ大会を開催する。

　キックオフ大会では、「経営トップの食品衛生 7S 方針」および「その目的と取組み内容」について説明したうえで、各委員の紹介および宣誓を行い、最後に全従業員が食品衛生 7S の概要をしっかりと理解できるように説明する。

（4）初発大掃除の実施

　食品衛生 7S 活動の本気度を示すためにも、活動を始めるに当たっては、たとえ日常の製造活動を一時的に停止してでも、まずは一斉に職場の整理を行い、不要品を徹底的に排除したうえで、不要品が置かれていた場所の大掃除を行い、必要なものを整頓する必要がある。

　このように食品衛生 7S 活動の最初の段階で大掃除をして、整理・整頓を確実に実行することで、その後の活動を非常にスムーズに進めることができる。

(5) 食品衛生7S巡回

　初発大掃除ができたら、次に「食品衛生7S委員会」の数人の委員で各現場の巡回を始める。この巡回の頻度は月1回が適している。

　巡回の際には、各現場における不具合箇所は当然として、推奨箇所も含めて写真撮影し、それらをもとに各現場における不具合箇所の改善の進捗管理をする。

　巡回と改善の進捗管理を繰り返すことで、改善活動のPDCA(Plan(計画)、Do(実行)、Check(評価)、Act(改善))を回すことができるため、食品衛生7S活動を継続することで、初級から中級へ、そして上級へと確実なスパイラルアップを果たすことができる(図2.5)。

(6) 食品衛生7S成果発表会

　半年間あるいは1年間、食品衛生7S巡回を続けて改善のPDCAを回し続けたら、活動の集大成として部門ごとや工場ごとに頑張った成果を発表する場「食品衛生7S成果発表会」を設ける。

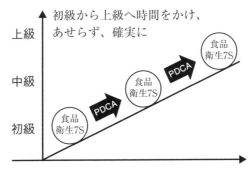

出典)　米虫節夫 監修、角野久史 編：『やさしい食品衛生7S入門』、日本規格協会、2013年

図2.5　成長する食品衛生7S

「食品衛生7S成果発表会」は食品衛生7S活動を活性化する有効な手段なので、表彰制にして成果を競わせることが重要である。

食品衛生7S成果発表会のプログラムについては、例えば以下のような流れにするとよい。

① 対象部門の活動成果の発表
② 質疑応答
③ 対象部門の上司による講評
④ 対象部門以外の上席者の講評
⑤ 外部講師による講評(できれば)
⑥ トップによる表彰

2.5 食品衛生7Sの効果

食品衛生7S活動に継続して取り組んでいけば、以下のような効果が現われるようになる[8]。

① 工場内から不要な物がなくなるため、作業スペースが確保できるようになる。
② 原材料や仕掛品の置場が確保でき、先入れ先出しが確実にできるようになる。
③ 表示がきちんとされることで、探す時間が短縮され作業効率が向上する。
④ 作業環境が改善されることで、異物混入防止に大きな効果を発揮する。
⑤ 作業が迅速にできるようになり、清掃や洗浄をする時間が短縮

---

[8] 米虫節夫 監修、角野久史 編:『やさしい食品衛生7S入門』、日本規格協会、2013年

する。
⑥ 決められたルールを守ることが当たり前になり、従業員のやる気が高くなる。
⑦ 工場全体がきれいになり、従業員同士のコミュニケーションもよくなり、明るい職場になる。
⑧ 食品衛生7SはHACCPやISO 22000などの導入に必要な一般衛生管理そのものなので、食品衛生7Sを土台としてHACCPやISO 22000などの仕組みを構築することができる。

以上のように、食品衛生7S活動を継続することで、食品製造企業がさらに発展していく基礎部分が強化されるため、企業の利益向上に結びつく。

2.6 食品衛生7Sに実際に取り組んだ食品企業の生の声

本章の最後として、実際に食品衛生7Sへと取り組んだ食品企業の生の声を紹介する[9]。

(1) 作業性の改善について

■総菜製造企業の声
整理・整頓を行い、定位置管理が進むにつれて、ものを探す時間が短縮されました。また、スペースの確保もできて、作業性の向上につながりました。

---

9) 以下の内容は、日科技連出版社から刊行されている『食品衛生7S活用事例集』(米虫節夫 編、2009年)から『食品衛生7S活用事例集6』(角野久史・米虫節夫 編、2014年)までの一連の内容から抜粋したものである。

■練製品製造企業の声
　活動をきっかけに部品・備品の定位置管理をするようにしたところ、各部品などの要・不要の見極めがしやすくなり、不必要なものはすべて撤去することができました。また、各部品や書類などを一目で確認できるようになり、探す時間を短縮することができました。

(2) 品質向上・クレーム減少について

■菓子製造企業の声
　活動をきっかけに従業員が自主的にクレーム対策を始めるようになってから、毛髪混入のクレーム件数は徐々に減少していきました。取組み前には「やらされている感じ」がよく見られたのですが、それがなくなって、自分たちで目的をもって取り組んでいるという「団結力や責任感」が感じられるようになりましたが、それがクレーム件数減少の大きな要因だと感じました。

■漬物製造企業の声
　食品衛生7Sの運用が進むにつれて、工場全体が清潔な作業環境に変化してきました。それに従って作業効率が向上していき、施設設備が衛生的になったことで異味・異臭や膨張が原因のクレームが減少してきました。
　従事員の意識に関しても、洗浄・殺菌の必要性が理解されていったことで、一つひとつの作業が確実に実施されるようになって、製品全体の初発菌数が下がり、品質が向上していきました。
　こうして、1年間、活動しただけでクレーム総数も前年度に比べて大きく削減されていきました。

(3) コストダウンについて

■練製品製造企業の声

　活動のなかで、作業場内の手袋やビニール袋の在庫が過剰であり、使用の際も使いにくい状態であることに気がつきました。そこで、現場で「この現場には最低どのくらいの手袋やビニール袋があればいいのか」について話し合い、在庫に関するルールを決めました。

　また、あちらこちらに置かれていた備品類をまとまった場所に定位置管理して、保管している品名や数量を表示して管理するようになりました。

　明確なルールを策定し、確実で見える管理を行った結果、ものを探す時間が短縮されましたし、過剰在庫の防止にもなって、結果的に大きなコストダウンへとつながりました。

(4) 人材育成について

■総菜製造企業の声

　活動の結果、上から指示や意識づけを特に行わなくても、従業員の意識や行動が変わっていきました。特に上からの指示を待つことなく、従業員が考えて仕事をするようになったことが大きく、数多くのムダが発見され、改善されていくようになりました。また、従業員の仕事のミスが目に見えて減っていきました。

　人材が育ってきたことを強く実感しています。

■乳製品製造企業の声

　活動の結果、製造現場の改善が進んでくるのに従って、食品衛生7S委員会に参加していない従業員から「自分の部署を良くした

い」という意識が感じられるようになりました。例えば、「台車やバットをライン引きして管理したい」などといったように、自分たちで改善箇所を見つけて、改善していくのです。

　小さなことかもしれませんが、今までは「指摘されたから改善するか」と受け身だった従業員から「自分の部署を良くしたい」という意識が行動になって現れていったので、感動しました。

■総菜製造企業の声

　改善を実行するためには、改善すべき問題を発見できなくてはなりません。しかし、問題は自然にではなく、自発的に考えていかなければ発見できないものなのです。

　食品衛生7S活動は、それに取り組むことで問題発見能力を身につけさせていく教育効果があると思います。さらには、問題発見能力を基盤にして、「問題を常に考え続ける意識」「問題を解決する能力」「問題を解決する習慣」を身に着けた人材を育成することができると感じています。

　このように食品衛生7S活動は、当社の人材育成にとても役立っています。

（5）　利益向上について

■菓子製造企業の声

　当社では食品衛生7S活動の目標の一つとして「お客様に褒めてもらえる現場づくり」という課題を掲げてきましたが、すでにそれは十分達成できたので、次の目標を「自信のある工場を見学してもらうことで新規の顧客を獲得していくこと」にしようと考えています。

■ 漬物製造企業の声

　食品衛生7Sの管理手法は、全従業員にとって社内のコミュニケーションツールともなるため、社風を変えるくらいの成果をもたらすといっても過言ではありません。また、活動の結果として得られる十分な成果は得意先からの信頼向上や新規顧客の獲得などへと結びつきます。

　当社では食品衛生7Sの取組みをはじめた当初では思いもよらなかった経営的な効果をもたらしました。

2.7　食品衛生7SからHACCPへ

　HACCPとは、「食品安全上の危害を抽出して分析し、その工程や作業を重要管理点としてコントロールすることで、食品の安全性を確保する仕組み」である。

　世界基準であるCodex-HACCPは「7原則12手順」に従って重要管理点をコントロールする。その一方で、Codex-HACCP以外の衛生管理には一般衛生管理プログラム（PRP）で管理していくことが求められており、冒頭に述べたように食品衛生7Sがその重要な役割を果たしているということがいえる。

　食品衛生7Sを土台とすることで、制度化されるHACCPは有効に機能するため、形骸化することはなくなる。

第2章の参考文献

[1]　厚生労働省：「HACCP導入のための手引書」「食品衛生管理の国際標準化に関する検討会最終まとめ」（https://www.mhlw.go.jp/stf/seisakunitsuite/bunya/0000098735.html）

第 2 章　HACCP の土台である食品衛生 7S の構築

［2］　厚生労働省:「食品衛生管理の国際標準化に関する検討会最終とりまとめについて」「(別添)最終とりまとめ」(https://www.mhlw.go.jp/stf/houdou/0000146747.html)

［3］　キッコーマンバイオケミファ:「10秒で見えない汚れが測定できる！新試薬「ルシパック A3」新発売！」(https://kyodonewsprwire.jp/release/201703029435)

［4］　京都府:「京の食品安全管理プログラム導入の手引」、p.35、p.38(http://www.pref.kyoto.jp/shokupro/haccp.html)

［5］　厚生労働省:「4.食中毒統計資料」「平成 29 年(2017 年)　食中毒発生状況」(https://www.mhlw.go.jp/stf/seisakunitsuite/bunya/kenkou_iryou/shokuhin/syokuchu/04.html)

［6］　日本食糧新聞社:「特集 1　ノロウイルス感染から工場を守る」『月刊食品工場長』、2014 年 11 月号

［7］　鶏卵肉情報センター:『月刊 HACCP』、2013 年 8 月号

［8］　米虫節夫 監修、角野久史 編:『やさしい食品衛生 7S 入門』、日本規格協会、2013 年

［9］　米虫節夫 編:『現場がみるみる良くなる食品衛生 7S 活用事例集』、日科技連出版社、2009 年

［10］　米虫節夫・角野久史 編:『現場がみるみる良くなる食品衛生 7S 活用事例集 2』、日科技連出版社、2010 年

［11］　米虫節夫・角野久史 編:『現場がみるみる良くなる食品衛生 7S 活用事例集 3』、日科技連出版社、2011 年

［12］　米虫節夫・角野久史 編:『現場がみるみる良くなる食品衛生 7S 活用事例集 4』、日科技連出版社、2012 年

［13］　米虫節夫・角野久史 編:『現場がみるみる良くなる食品衛生 7S 活用事例集 5』、日科技連出版社、2013 年

［14］　米虫節夫・角野久史 編:『現場がみるみる良くなる食品衛生 7S 活用事例集 6』、日科技連出版社、2014 年

［15］　角野久史・米虫節夫 編:『食品衛生 7S 実践事例集 7』、鶏卵肉情報センター、2015 年

［16］　角野久史・米虫節夫 編:『食品衛生 7S 実践事例集 8』、鶏卵肉情報センター、2016 年

［17］　角野久史・米虫節夫 編:『食品衛生 7S 実践事例集 10』、鶏卵肉情報センター、2018 年

第3章

❖

「HACCPに基づく衛生管理」構築のモデル

第3章 「HACCPに基づく衛生管理」構築のモデル

3.1 HACCPの概要

　HACCPシステムとは、「特定の危害(食中毒など)を確認し、その制御のための防止策を明らかにする管理システム」である。これは、**第1章**で解説したとおり、もともと1960年代に米国で宇宙食の安全性を確保するために開発された食品衛生の管理手法である。宇宙飛行士は宇宙船内で食中毒になっても助けを呼べないので、絶対に安全な食品を製造するための製造方法が求められた結果、生まれた管理システムなのである。

　現在では、Codex委員会(1.4節(1)項を参照)が発表したCodex-HACCPが、国際的に認められたものとなっている。

　HACCPのなかで、HA(Hazard Analysis：危害要因分析)では、食品の製造工程(原材料から最終製品に至るまでのすべての工程)で発生する恐れのある生物的、化学的および物理的な危害要因について調査・分析する。その結果、食中毒などの健康被害を及ぼすような重篤性がある場合にはCCP(Critical Control Point：必須管理点)を設定する。ここでCCPとは、「(殺菌工程や包装工程など)製造工程の段階で、より安全性が確保された製品を得るために、特に重点的に管理すべきポイント」のことである。

　本章では「HACCPに基づく衛生管理」の衛生管理計画のつくり方とその具体的な方法などについて解説する。

3.2 「HACCP に基づく衛生管理」構築のためのキックオフ大会の開催(手順 0)

　従業員のなかから一部の人を選んでHACCPチームを結成し「HACCPに基づく衛生管理」を構築させたとしても、多くの従業員には何をしているのかがわからないので、実効的なものにはならない。そのため、効果のある「HACCPに基づく衛生管理」を構築するためには、製造部門だけではなく、管理部門も含めて全従業員の参加で行うキックオフ大会を開催する必要がある。

　キックオフ大会の内容は、最初にトップが「やるぞ宣言」を行ったうえで、「何のために"HACCPに基づく衛生管理"を構築するのか」を明確にする。その後に、「HACCPとは何か」「HACCPの構築方法はどうするのか」について品質管理部門が解説する。そして、最後にHACCPチームメンバーを紹介する。

　HACCPを導入しようとするとき、**第2章**で述べた5S活動や食品衛生7S活動を行うときと同じように、全従業員にこれから何をするのかを理解させるために「キックオフ大会」の開催は必須である。NPO法人食品安全ネットワークは、この手順を12手順の前に置き「手順0」と称している。「HACCPに基づく衛生管理」の構築は「手順0」から始まるのである。

3.3　HACCPの7原則12手順（手順1〜手順6）：事例1

架空の会社「安全食品株式会社」の主力製品「たまごサンドイッチ」の例からHACCPを構築する手順を解説する。原材料は「パン・トマト・レタス・ゆでたまご・マヨネーズ」である。

手順1：HACCPチームの編成

製品製造工程の管理事項や管理基準について専門的な知識を有する者をメンバーとして選定する。一般的にHACCPチームは工場長を委員長として、工程ごとの責任者で構成するが、必ずしも役職者でなくてもよい。

メンバーは工場の規模にもよるが、5人から6人程度がよい。多くても10人までである。HACCPを構築するときには専門的な知識を有する従業員がいないと極めて困難である。特に「手順6(原因1)：危害要因分析」については専門的な知識を有する者がいないと、迷路に入って混乱する。もし専門的な知識を有する者がいない場合、外部アドバイザーを採用するとよい。アドバイザーを採用するときの位置づけは、委員長と対等な立場に配置する。

HACCPチームの業務は、「HACCPプランの作成と導入」「HACCPプランにもとづく従業員の教育・訓練」「HACCPプランの検証・見直し」である。また、必要に応じてHACCPシステム全体の検証の実施と評価および見直しを行う。

安全食品のHACCPチームの構成は図3.1のとおりである。

3.3　HACCPの7原則12手順(手順1～手順6)：事例1

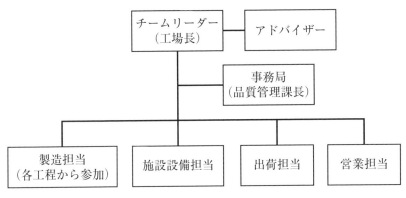

図3.1　安全食品HACCPチームの構成

手順2：製品についての記載

「製品説明書」には製品の名称および種類を記入するのだが、製品名でなく名称で記入することに注意する。例えば、「たまごサンドイッチ」は品名だが、名称は「調理パン」である。

原材料欄には使用原材料の名称(パン・トマト・レタス・ゆでたまご・マヨネーズ)を使用重量別に記載する。添加物の名称欄には使用添加物の名称を書く。また、アレルゲン欄にはアレンゲンの任意表示も含めて27品目記入するのが望ましい。容器包装の材質および形態は使用している包材の材質を記入する。

製品の特性欄には、他の類似品および自社の製品と比べて特徴があれば記入する。例えば、「一般的には保存料を使用しているが、当製品は使用していない」のなら、その旨を記入する。

消費(賞味)期限については、微生物検査、官能検査、理化学検査などで得た結果にもとづいて設定する。

保存方法は常温か冷蔵か冷凍保存か製品の特性によって定める。喫食および利用方法については、製品の特性によって、「そのまま、加熱をして」などと明記する。最後に喫食対象の消費者を定めるが、多くの場

第3章 「HACCPに基づく衛生管理」構築のモデル

合は一般消費者である。

以上のように決めるべきことを決めたら、たまごサンドイッチの「製品説明書」について図3.2のように記入する。

製品説明書	
製品名	たまごサンドイッチ

記載事項	
製品の名称および種類	調理パン
原材料に関する事項	食パン・トマト・レタス・ゆでたまご・マヨネーズ・包材 (アレルゲン—小麦・たまご・大豆・リンゴ)
添加物の名称とその使用量	イーストフード・調味料(アミノ酸)
容器包装の材質および形態	包材(袋):PP(ポリプロピレン)
製品の特性	特になし
製品の規格 (成分規格)	• 一般生菌数:10万以下／g • 大腸菌群:陰性 • 黄色ブドウ球菌:陰性 　＊表示する期限内において上記の基準を満たす。
製品の規格 (自社基準)	• 一般生菌数:10万以下／g • 大腸菌:陰性 • 黄色ブドウ球菌:陰性 • サルモネラ菌:陰性
保存方法	直射日光および高温多湿を避けて保存
消費期限または賞味期限	製造日を含めて4日間
喫食または利用の方法	そのままで喫食
対象者	一般消費者

参考事項	

図3.2　たまごサンドイッチの「製品説明書」

手順3：対象消費者の確認

製品の特性によって、一般消費者向け、高齢者向け、乳幼児向けなどを定める。「たまごサンドイッチ」の対象は一般消費者である。

手順4：フローダイヤグラムの作成

製品に使用する原材料や添加物、水、包材について受入れ、保管、計量、配合、洗浄・殺菌、加熱、冷却、包装、金属探知、出荷の工程ごとに記入する。

まず、製造に使用する原材料・添加物・使用水・包材を横並びに書く。製造工程に沿って記載する。ここで、それぞれの受入れ、保管、計量など工程順に記入し、記入した工程名に横並びに番号を順番につけていく。

たまごサンドイッチのフローダイヤグラムは図3.3のようになる。

手順5：フローダイヤグラムの現場確認

「作成したフローダイヤグラムが実際の製造工程と合っているかどうか」について、製造しているときに確認する。もし違っていた場合には「フローダイヤグラムが正しいのか、実際の製造方法が正しいのか」について判断して整合性をとる。

手順6(原則1)：危害要因分析

① 「危害」そのものでなく「心配事」を危害とする間違い

危害要因分析とは、「原料入荷から製品出荷までを製品のフローダイヤグラムの工程ごとに危害の原因物質、発生要因およびその危害の防止措置を明確にすること」をいう。これが正しくできていればHACCPシステムの構築が大きく前進するといっても過言ではない。しかし、企業によっては原料の入荷から製品の出荷までの間での潜在的な危害を洗い出すことは容易ではなく、しばしば危害要因ではないものが列挙され

第3章 「HACCPに基づく衛生管理」構築のモデル

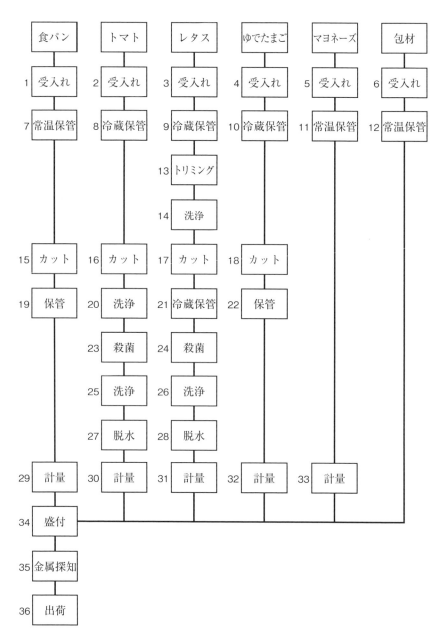

図3.3　調理パンのフローダイヤグラム

ることがある。本章では、これを危害要因分析の「心配事」と定義する。
　HACCPシステムを導入したいが専門的な部署もないため、製造そのものを主要に考えてきた中小企業では、なかなか危害要因分析という考え方の理解が進まないことがある。そんな状況で危害要因分析を行うとよく起こり得る間違いが、危害ではなく「心配事」を危害として考えてしまうことなのである。

② 「心配事」と「危害」の違い
　具体的な「心配事」としては以下のような例が挙げられる。細かい「心配事」を挙げようとすれば、実に多岐にわたることがわかる。
- 軟質異物混入(紙片、毛髪など)
- 原料由来の危害の存在
- 施設、設備の温度管理
- 機械由来のリスク

　これらの「心配事」は、本来のHACCPシステムの危害要因物質にはなりがたい。なぜなら、HACCPシステムで定義されている「危害要因」の定義は以下のとおりだからである。
　「危害」とは「飲食に起因する健康被害」をいう。そして、人体に甚大な健康被害をもたらすような「食品が微生物に汚染されている場合」「化学物質を必要以上に含有している場合」「硬質異物が混入している場合」などが「危害要因」と定義される。ここで、「危害要因」となるものは生物的、化学的、物理的という3つの要素から構成される。これらにもとづいて各工程で分析を進めていくと、「危害要因」が検出されることが多い。
　このとき、以下のような「心配事」の数々が、危害要因として挙げられがちであるが、本来の危害の定義からは外れてしまっていることに注意する。

第3章　「HACCPに基づく衛生管理」構築のモデル

　生物的な危害要因を挙げていくと「冷蔵品の冷蔵庫保管の温度管理不足による微生物の繁殖」「放冷時の作業従事者由来の病原微生物汚染」などが挙げられがちだが、冷蔵庫や冷凍庫が故障しても原料や仕掛品、製品の品温は上昇しない。これらは管理手順にもとづいて、冷蔵庫や冷凍庫の温度調査を一定の時間で行っていれば、事前に温度上昇を防止できるからである（温度管理表）。

　化学的な危害要因を挙げていくと「機械、備品の洗浄不足による洗浄剤の残存」などが挙げられがちだが、これも洗浄マニュアルにもとづいてしっかりとした洗浄ができており、記録をつけておけば、洗浄剤の残存が起こらない清潔な状態が保たれていることになる（機械洗浄・殺菌マニュアル）。

　物理的な危害要因を挙げていくと「原料開封時の紙片」（開封マニュアル）、「作業者由来の体毛類」（個人衛生管理マニュアル）など、3つの危害要因のなかでも最も多くの点が挙げられがちであるが、これらについても原料開封時の手順を徹底し、作業する現場を清掃マニュアルにもとづいて清潔に保ったうえで手順書と周辺環境を整えることで、危害要因として捉える以前に問題を解決することができる。特に物理的な危害要因として挙げられがちな軟質異物（紙片、体毛）に重篤性はないため、危害要因からは除外できる。

③　「心配事」は心配いらない

　以上のような多くの「心配事」については、食品衛生7S（一般衛生管理）をしっかりと構築し、運用することによって、解決できる問題ばかりである。

　食品衛生7Sが運用できれば、危害要因分析をする前提を構築することができる。なぜなら、工場を清潔にすることを目的にすることで、原料の受入れ、計量、洗浄・殺菌などについて、「いつ、誰が、どのよう

に」行うかの作業マニュアルを作成し実行して記録できるように改善されるからである。そうすれば、使用原料について、確実に原料メーカーから原料規格書や残留農薬等の検査書を入手することで、自社の基準を越えた適正な原料のみを工場に入荷できるようになる。

このように進めていくと「心配事」に惑わされることが減って、HACCPシステムの危害要因分析の重要なポイントが「病原性微生物やウイルスによる食中毒予防」および「硬質異物によるけが予防」という2点にだけあるということが理解できる。

以下、3.4節で危害要因分析を解説した後、3.5節で引き続き「たまごサンドイッチ」をベースにした「HACCPの7原則12手順」について解説する。

3.4 危害要因分析：事例1

(1) 前提条件

HACCPは食中毒やケガなどが起きないようにする仕組みづくりと、その確実な実行を求めるシステムである。「HACCPを構築して実践していれば、食中毒や異物混入は起きないか」というと決してそうではない。HACCPの危害要因の前提条件は、食品衛生7Sの構築、作業マニュアルの遵守、原料規格書の確認である。

第2章で述べたように、食中毒の原因の多くは食品衛生7S（一般衛生管理）の不備で起こる。食品の安全性を確保するためには、食品衛生7S（整理・整頓・清掃・洗浄・殺菌・躾・清潔）を構築し、食品衛生7Sを土台に施設設備、機械器具などの衛生管理、食品取扱者の健康や衛生管理などの一般衛生管理を着実に実施することが不可欠である。

第3章　「HACCPに基づく衛生管理」構築のモデル

HACCPによる安全管理の手法を取り入れるのは、以上のようなことが実施できるようになった後にすべきである。

(2) 危害要因分析のやり方

危害要因分析は表3.1のような危害要因分析表を用いて行う。危害要因分析表は6欄からなる。

① (1)欄の項目：「原材料／工程」

表3.1では、(1)欄のように、「原材料／工程」を記入するフローダイヤグラムに沿って工程を番号順に並べながら、使用する原材料の受入れ、保管、計量、配合、焼成、冷却、包装、金属探知、出荷に至るまでの工程を記入する。

② (2)欄の項目：「発生が予想される危害要因は何か」

このとき、危害要因を原材料別に入荷から工程に沿って、最終製品を

表3.1　危害要因分析表の様式例

製品の名称　：					
原材料／工程 (1)	発生が予想される危害要件は何か (2)	食品から減少・排除が必要な重要な危害要因か (3)	判断根拠は何か (4)	重要と認めた危害要因の管理手段は何か (5)	この工程はCCPか (6)

90

喫食した場合に予想される食中毒やケガの可能性がある危害要因を生物的・化学的・物理的に行う。危害が予想できる要因は「重篤性があるかないか」にかかわらず列挙する。

「たまごサンドイッチ」では、原材料として受け入れた食パン・ゆでたまご・マヨネーズについては食品工場で製造したものを仕入れているため、製造元から原料規格書を入手する。原料規格書には「微生物検査の結果」「アレルゲンの有無」「金属探知機を使用しているかどうか」が書かれているため、その記入を確認してから「危害要因があるかどうか」を判断する。この危害要因の分析では、例えば以下のようにして予想される要因を記入する。

野菜や魚・肉類等の生鮮品については土壌や海水、牧場での飼育中に病原微生物に汚染を受けている可能性は否定できない。そのため、生鮮品については生物的・化学的・物理的の危害要因を調査する必要がある。また、自組織の保管工程(例えば、冷蔵保管における冷蔵庫の温度管理)、殺菌工程(例えば、殺菌液の濃度)、加熱工程(加熱温度と時間)に不十分な要素があり、その結果、何らかの不備が起きる可能性も否定できない。

金属類にかかわる異物が混入する可能性も否定できない。例えば、カット工程や充填工程で使用するスライサーや充填機の金属が入る可能性、金属探知工程で金属探知機が誤作動を起こす可能性も考えられる。

③　(3)欄の項目：「**食品から減少・排除が必要な重要な危害要因か**」

ここで、危害要因の分析をした生物的な要因がそのまま残って製品になってしまうと、それを食べた後に食中毒を引き起こす可能性がある。また、「製造工程のカット工程でスライサーが欠けて金属混入がある」などの重篤な健康危害を起こす恐れがある場合にはYESか○を記入する。

原料製造メーカーから入手した原料規格書や、食衛衛生7Sの構築、

第3章 「HACCPに基づく衛生管理」構築のモデル

各工程の作業マニュアルによって微生物汚染や異物混入が予防できる場合にはNOか×を記入する。

④ (4)欄の項目：「判断根拠は何か」

ここで「重篤性(YESか○)がある」と判断する場合は、例えば、野菜類についてなら「栽培土壌などにより汚染した」、肉類についてなら「肥育環境より汚染した」といった内容を記入する。ここで、「メーカーが製造した製品について重篤性がない」と判断した場合は「メーカーが作成した原料規格書で確認」と記入する。

生物的な要因としては、微生物による原料由来の汚染や工程上の汚染・増殖などを記入する。また、化学的な要因としては、残留農薬やアレルゲンなどの混入などを記入する。そして、物理的な要因としては、金属の混入を記入する。

⑤ (5)欄の項目：「重要と認めた危害要因の管理手段は何か」

ここで「重篤性がある」と判断した場合、生物的な要因であれば殺菌や加熱などを行い、それを記入する。これが化学的な要因(アレルゲンなど)であれば包装材の裏面一括欄にアレルゲンを表示して、それを記入する。また、物理的な要因であれば金属探知などの工程を記入する。

⑥ (6)欄の項目：「この工程はCCPか」

CCPでなければ×を、CCPであればCCPと記入する。ここで、CCPが複数ある場合には、それぞれCCP1、CCP2、……と記入する。

危害要因分析を行う際、「生物的・化学的・物理的な危害要因で重篤性があり、健康被害を起こす恐れがある」と分析したときには、「健康被害を起こす危険性は、どの工程でどのように管理するのか」を決めたうえで、その工程をCCPと設定する。

(3) 危害要因分析の留意点

　原料について、食品企業で製造しているものを仕入れている場合、その原料メーカーから原料規格書をとる。そこには、生物的・化学的・物理的な危害要因の分析結果が記入されているため、「原料に危害要因が重篤なものがあるか」について判断できる。

　しかし一方で、生鮮な野菜や魚介類、肉類についてはまったく油断できない。農産物であれば栽培過程で病原性のある微生物に汚染したり、農薬や異物が混入したりする危険性はあるし、肉類であれば肥育段階で病原性のある微生物に汚染したり、注射針が混入したりする危険性がある。また、魚介類であれば病原微生物やウイルスに汚染している可能性はある。

　以上のように健康被害を起こす恐れがあるものは重篤性の可能性が常にあるので、HACCPにおいては危害要因の管理手段を決めてCCPを設定する必要がある。

(4) 危害要因およびCCP設定

　HACCPにおける危害要因分析ができる前提条件となるのは、食品衛生7Sを構築したうえで、工場を清潔にしていることである。そのような状態では、原料の受入れや計量、洗浄・殺菌などについて「いつ、だれが、どのように行うか」の作業マニュアルが作成できており、それを実行し、記録を残しているからである。

　また、使用している原料についても、原料メーカーから原料規格書や残留農薬などの検査書を入手することは、危害要因分析を行うために最低限必要となる。

第3章 「HACCPに基づく衛生管理」構築のモデル

(a) 生物的な危害要因

　一般的には肉などで加熱工程があれば、その加熱工程がCCPとなることが多い。生野菜のサラダなど、加熱工程のないものについては洗浄・殺菌工程がCCP設定となる。

　製造中の機械や備品が病原微生物に汚染していると、製造中の製品が汚染を受ける可能性がある。これについては、製造中の機械や備品について、それぞれの清掃・洗浄・殺菌のマニュアルを作成し、製品製造の切替え時や製造終了後にマニュアルに従い、清掃し、記録を残すことで汚染を予防することができる。

(b) 化学的な危害要因

　例えば、農産物について「化学的な危害要因で残留農薬が基準を超えている可能性がある」と分析して、そのことについて重篤性があるとしてしまうと、工程のなかで残留農薬を軽減するための管理手段を記さなければならない。つまり、CCPを設定したうえでの管理手段を明記しなければならないのだが、残留農薬を軽減する手段は食品メーカーにない。そこで、残留農薬が基準以下であることを証明した書類を用意する必要が出てくるので、取引先から残留農薬検査書(安全証明書)を取り寄せることになる。

　また、化学的な危害要因について「放射能」を設定した場合も上記と同様である。「放射能」も残留農薬と同じで、仮に基準を越えて含まれていても、食品メーカーでは基準値以下に下げることができないし、そもそも「放射能」に汚染された農産物等は国や自治体、農協などで検査しているため、基準以下のものしか出荷されていない。

　アレルゲンについての危害要因分析は重要である。アレルギーのある人がアレルゲンを摂取してしまうと健康被害が起き、ときには死亡することさえあるからである。そのため、あらかじめ特定のアレルゲンについ

いて、「食品から減少・排除が必要な重要な危害要因かどうか」を判断する必要がある。このときに、「重要な危害要因でない」と判断したアレルゲンについては、「あらかじめ表示をするため」などのように判断理由を記入する。

さて、アレルゲンでもう一つ問題となるのはコンタミネーションである。コンタミネーションを防止するためには、アレルゲンを含む原料について、管理の誤りを防ぐために明確な識別のルールを作成する必要がある。これはHACCPではなく、原料管理マニュアルを作成し、それにもとづいて管理するようにする。また、アレルゲンを含まない製品の製造とアレルゲンを含む製品の製造について明確に区分することでコンタミネーションが予防できるが、これはHACCPではなく、製造スケジュールの問題となる。

(c) 物理的な危害要因
① 重篤性のない異物

物理的な危害要因は、つまり異物混入であるが、異物の危害要因として多いのは、まず毛髪や昆虫、包材といったものである。これらはどれを食べても健康被害は起きないので重篤性はなく、また、これらの混入の予防は食品衛生7S活動を通じて十分に達成できる。

② 重篤性が疑われる硬物異物

しかし、健康被害を起こす恐れのあるものもある。金属やガラス、石などの硬物異物である。これらをもし食べてしまうと健康被害を起こす可能性があるので、これらについて危害要因を分析することで重篤性があるかどうか判断して、食品から排除する必要性を検討する。

金属類については金属探知機があればほぼ排除できるものの、ガラスや石などは機械的に排除できないため、金属以外の硬物異物をそもそも

混入させない予防策に重点を置く必要がある。つまり、食品衛生7S活動である。

とはいえ、金属の異物については、さまざまな事情から金属探知機をもてないため、不安を抱えている読者はいるだろう。こういう設備がない場合には、原料は金属探知機を通過したことがはっきりしているものに限定して仕入れたり、製造工程においては製造工程内での器具や機械の破損などによる異物発生(特に刃こぼれ、ねじの抜け落ち、破損金属など)を防ぐため、作業中や作業終了後に器具や機械の点検・保守を定められたマニュアル類に従って行う必要が出てくる。

③ 冷蔵・冷凍の保管工程

「冷蔵庫や冷凍庫の故障によって、品温が上昇して病原微生物が増殖する」といった危害要因を分析することがあるが、食品衛生7S活動を行っていれば、冷蔵庫や冷凍庫が故障してもそのような事態を予防できる。なぜなら、食品衛生7S活動を通じて冷蔵庫や冷凍庫の温度調査を一定の時間で行うようになるため、事前に温度上昇を防止できるからである。

3.5 HACCPの7原則を事例1「たまごサンドイッチ」で見てみる

たまごサンドイッチの危害要因分析表は**表3.2**のようになる。なお、**表3.2**では複数頁にわたって同じ見出し行が連続しているが、これはあくまでも読者の便宜のためであり、実際の危害要因分析表の仕様ではないので注意してほしい。

3.5 HACCPの7原則を事例1「たまごサンドイッチ」で見てみる

表3.2 危害要因分析表

製品の名称　：					
原材料／工程 (1)	発生が予想される危害要件は何か (2)	食品から減少・排除が必要な重要な危害要因か (3)	判断根拠は何か (4)	重要と認めた危害要因の管理手段は何か (5)	この工程はCCPか (6)
1 食パン受入れ	生物的：なし	×	原料規格書で確認		
	化学的：アレルゲン小麦	×	裏面一括表示欄に表示		
	物理的：金属異物	×	原料規格書で確認		
2 トマトの受入れ	生物的：病原性大腸菌による汚染	○	栽培土壌より汚染	23　殺菌工程で管理	×
	化学的：残留農薬	×	生産者による管理		
	物理的：金属異物の混入	○	栽培中に混入	35　金属探知工程で除去	
3 レタスの受入れ	生物的：病原性大腸菌による汚染	○	栽培土壌より汚染	24　殺菌工程で管理	×
	化学的：残留農薬	×	生産者による管理		
	物理的：金属異物の混入	○	栽培中に混入	35　金属探知工程で除去	×

表 3.2 つづき 1

原材料／工程 (1)	発生が予想される危害要件は何か (2)	食品から減少・排除が必要な重要な危害要因か (3)	判断根拠は何か (4)	重要と認めた危害要因の管理手段は何か (5)	この工程はCCPか (6)
4 ゆでたまごの受入れ	生物的：サルモネラ菌による汚染	×	メーカーの原料規格書で確認		
	化学的：抗生物質の残存	×	メーカーの原料規格書で確認		
	アレルゲン卵	×	裏面一括表示欄に表示		
	物理的：なし				
5 マヨネーズの受入れ	生物的：なし		メーカーの原料規格書で確認		
	化学的：アレルゲン卵・乳成分	×	裏面一括表示欄に表示		
	物理的：なし		メーカーの原料規格書で確認		
6 包材の受入れ	生物的：なし				
	化学的：なし				
	物理的：なし				
7 食パンの常温保管	生物的：なし				
	化学的：なし				
	物理的：なし				
8 トマトの冷蔵保管	生物的：病原微生物の増殖	×	冷蔵庫温度管理マニュアルで管理		
	化学的：なし				
	物理的：なし				

3.5 HACCPの7原則を事例1「たまごサンドイッチ」で見てみる

表3.2 つづき2

原材料／工程 (1)	発生が予想される危害要件は何か (2)	食品から減少・排除が必要な重要な危害要因か (3)	判断根拠は何か (4)	重要と認めた危害要因の管理手段は何か (5)	この工程はCCPか (6)
9 レタスの冷蔵保管	生物的：病原微生物の増殖 化学的：なし 物理的：なし	×	冷蔵庫温度管理マニュアルで管理		
10 ゆで卵の冷蔵保管	生物的：病原微生物の増殖 化学的：なし 物理的：なし	×	冷蔵庫温度管理マニュアルで管理		
11 マヨネーズの保管	生物的：なし 化学的：なし 物理的：なし				
12 包材の保管	生物的：なし 化学的：なし 物理的：なし				
13・14 レタスのトリミング・洗浄	生物的：病原微生物の増殖 化学的：なし 物理的：なし	○	温度上昇による	24 殺菌工程で減少	×
15 食パンのカット	生物的：なし 化学的：なし 物理的：金属の混入	○	スライサー刃の欠け	35 金属探知工程で除去	×

99

第3章 「HACCPに基づく衛生管理」構築のモデル

表3.2 つづき3

原材料／工程 (1)	発生が予想される危害要件は何か (2)	食品から減少・排除が必要な重要な危害要因か (3)	判断根拠は何か (4)	重要と認めた危害要因の管理手段は何か (5)	この工程はCCPか (6)
16 トマトのカット	生物的：なし 化学的：なし 物理的：金属の混入	○	包丁の刃の欠け	35 金属探知工程で除去	×
17 レタスのカット	生物的：なし 化学的：なし 物理的：金属の混入	○	スライサー刃の欠け	35 金属探知工程で除去	×
18 ゆで卵のカット	生物的：なし 化学的：なし 物理的：金属の混入	○	スライサー刃の欠け	35 金属探知工程で除去	×
19 食パンの保管	生物的：なし 化学的：なし 物理的：なし				
20・23・25 トマトの洗浄・殺菌	生物的：病原微生物の残存 化学的：なし 物理的：なし	○	殺菌濃度・時間の不足	塩素濃度・時間	CCP1
21 レタス冷蔵保管	生物的：なし 化学的：なし 物理的：なし				

3.5 HACCPの7原則を事例1「たまごサンドイッチ」で見てみる

表3.2 つづき4

原材料／工程 (1)	発生が予想される危害要件は何か (2)	食品から減少・排除が必要な重要な危害要因か (3)	判断根拠は何か (4)	重要と認めた危害要因の管理手段は何か (5)	この工程はCCPか (6)
22 ゆでたまごの冷蔵保管	生物的：なし 化学的：なし 物理的：なし				
24・26 レタスの洗浄・殺菌	生物的：病原微生物の残存 化学的：なし 物理的：なし	○	殺菌濃度・時間の不足	塩素濃度・時間	CCP1
29 食パンの計量	生物的：なし 化学的：なし 物理的：なし				
27 レタス					
28 トマト・レタス脱水					
30 トマトの計量	生物的：なし 化学的：なし 物理的：なし				
31 レタスの計量	生物的：なし 化学的：なし 物理的：なし				
32 ゆで卵の計量	生物的：なし 化学的：なし 物理的：なし				

表3.2　つづき5

原材料／工程 (1)	発生が予想される危害要件は何か (2)	食品から減少・排除が必要な重要な危害要因か (3)	判断根拠は何か (4)	重要と認めた危害要因の管理手段は何か (5)	この工程はCCPか (6)
33 マヨネーズの計量	生物的：なし 化学的：なし 物理的：なし				
34 盛付	生物的：病原微生物による汚染 化学的：なし 物理的：なし	×	手洗いマニュアルの管理		
35 金属探知	生物的：なし 化学的：なし 物理的：金属異物の残存	○	金属探知機の動作不良	管理された金属探知機で全製品を通過させる。テストピース（Fe1.0mm、SUS2.0mm）	CCP2
36 出荷	生物的：なし 化学的：なし 物理的：なし				

原則1（手順6）：危害要因分析

(a) 原料の仕入・保管

　原料の食パンとマヨネーズは食品メーカーの製品であるから、それぞれについて原料規格書を入手したうえで、「危害要因があるかどうか」について判断する。このとき、生物的・物理的な危害要因について原料

3.5 HACCPの7原則を事例1「たまごサンドイッチ」で見てみる

メーカーで管理しているので、発生する危害要因としてはNOか×となる。しかし、化学的な危害要因については十分な注意が必要である。アレルゲンとして食パンに小麦、マヨネーズに卵・乳成分を含んでいるからである。ただし、どちらも確かにアレルゲンであり、消費者が食した場合には健康被害を引き起こすが、製品包装紙の裏面に「一部に小麦・卵・乳成分を含む」という表示さえすれば、アレルギーをもつ消費者が避けることができるので、「重篤性はない」と判断できる。

生たまごは、生物的な危害要因としてサルモネラ菌に汚染している可能性はあるものの、今回使用するのは"ゆでたまご"なので、この危害要因も原料規格書で確認できる。また、上記と同様にアレルギーについて原料欄に卵と記載しておけば「重篤性はない」と判断できる。

トマト・レタスの野菜類は栽培中に土壌汚染を受ける危険性があるため、生物的な危害要因として「病原微生物に汚染されている可能性があるから、重篤性がある」と分析する。また、生野菜として食した場合には食中毒の恐れがあるために、洗浄・殺菌工程をCCPとして管理する。

パン・マヨネーズについては常温で保管するが、発生が予想される危害要因は特にはない。また、卵や野菜類のように冷蔵保管をするものでも、冷蔵庫の温度は冷蔵庫温度管理マニュアルで管理されているため、設定基準以上に温度が上昇する可能性はなく、また仮に上昇したとしても、ただちに基準以下に戻すことができる。

(b) 原料の加工から出荷まで
① カット工程

例えば、スライサーや包丁でパンや野菜類をカットするときに、その金属破片が混入する可能性がある。もし、混入し、誤って食べさせてしまった場合にはケガをさせる恐れがあるため、物理的な危害要因としてCCP設定をする。

第3章　「HACCPに基づく衛生管理」構築のモデル

② 洗浄・殺菌工程

例えば、トマトやレタスの洗浄・殺菌工程では、洗浄の回数・時間が少なかったり、殺菌剤の濃度や殺菌時の時間が足りなかったりすると、病原性微生物が残存してしまい、健康被害を及ぼす恐れがあるので、CCPに設定する。

③ 計量工程・盛付工程

計量工程では計量マニュアルどおりに、盛付工程も盛付マニュアルで管理するので、発生が予想される危害要因はない。

④ 包装工程

期限表示やアレルゲン表示は「正しく記載されているかどうか」を確認することによって重篤性の有無を判断できる。

⑤ 金属探知工程

金属探知機が正常に探知できなかった場合に健康被害を及ぼすおそれがあるためにCCPに設定する。

⑥ 出荷工程

出荷マニュアルを遵守すればよいので、発生が予想される危害要因はない。

原則2（手順7）：CCP（必須管理点）の設定

「たまごサンドイッチ」のCCPは、危害要因分析の結果、「洗浄・殺菌」工程（CCP1）と「金属探知」工程（CCP2）となった。よって、これらの工程で危害要因の管理基準を定める必要がある。

3.5 HACCPの7原則を事例1「たまごサンドイッチ」で見てみる

原則3(手順8)：CL(管理基準)を設定

「洗浄・殺菌工程」では、微生物検査および官能検査を行う。それらの検査の結果を受けて、例えば「塩素濃度80〜90ppm、浸漬時間5〜8分」のようにCLを設定する。

「金属探知工程」では、金属探知機の感度(テストピース)を製品の特性によって決める。

原則4(手順9)：モニタリング方法の設定

「洗浄・殺菌工程」では、塩素濃度について作業前および作業開始後に1時間ごと、作業終了後に担当者を決めて測定して記録する。このとき、浸漬時間も測定して記録する。

「金属探知工程」では、担当者がテストピースで「金属探知機が正常に稼働しているかどうか」を確認して、全製品を通過させることで金属異物のチェックを行い、記録する。

原則5(手順10)：改善措置の設定

改善措置を設定するときには「CCP工程をモニタリングしているときに管理基準を逸脱した場合」についての方針をあらかじめ決めておくことが重要である。このような行動指針があれば現場の担当者が即座に対応できるため、不良品を製造することを阻止できるからである。例えば、「洗浄・殺菌工程」で「"塩素の濃度が基準を満たしていない"と判断した場合には該当する製品の再洗浄・殺菌をする」「"再洗浄・殺菌したら食味が変わる可能性がある"と判断したときには廃棄する」といった方針を決めておく。そして、実際に問題が起きた後に、洗浄・殺菌の塩素濃度の基準を満たしていなかった原因について調査し、しかるべき改善を行う。

テストピースでモニタリングをしたときに、もし金属探知機が作動し

なかったときには、正常に作動するように改善した後に、作動不全が発覚する前後にモニタリングした全製品をもう一度金属探知機に通過させる必要がある。その際、品質管理担当者が立ち会い、金属異物が入っていることが確認できた製品が出てくれば当然廃棄したうえで、金属探知機が作動不全となった原因を調査して今後の対策を立てる。

原則6(手順11)：検証方法の設定

　検証方法を設定するときに一番重要になるのが、CCP設定した「洗浄・殺菌工程」および「金属探知工程」のモニタリング記録について、製造責任者や品質管理担当者が製品の出荷前までに確認することである。もし基準を逸脱していたら、健康被害を及ぼす恐れがあるので、まずは出荷を停止し、その後に原因を調査して対策を行って、一連の出来事について記録をとる。

　このほかにも、殺菌剤濃度測定器の校正を月1回行い記録をとったり、金属探知機の精度確認について金属探知機製造メーカーごとに年1回行って記録を残すことは重要である。

原則7(手順12)：記録の維持管理

　「洗浄・殺菌記録」「金属探知機のモニタリング記録」「基準から逸脱したときの改善記録」「検証記録」などを一定期間保管する。

■ HACCPプランの作成

　重要管理点項目についてHACCPプランを作成する。
　HACCPプランとは、7原則にもとづいて危害要因分析を行い、その結果を一覧表にしたものである。たまごサンドイッチについてのHACCPプランは**表3.3**、**表3.4**のようになる

3.5 HACCPの7原則を事例1「たまごサンドイッチ」で見てみる

表3.3 HACCPプラン(殺菌・洗浄)

CCP番号	CCP1
工程	洗浄・殺菌
危害要因 　生物的・化学的・物理的	生物的：病原性大腸菌の生残
発生要因	洗浄・殺菌時の塩素濃度と浸漬時間の不足
管理手段	浸漬時塩素濃度と時間の設定
管理基準	浸漬時塩素濃度：80ppm～90ppm 浸漬時間：5分～8分
モニタリング方法 ① 何を ② どうやって ③ どのくらいの頻度で ④ 誰が	① 塩素濃度、浸漬時間 ② 有効塩素濃度測定器、タイマーを使用 ③ 塩素濃度を2時間おきに測定 ④ 作業担当者が監視・記録
改善措置	・管理基準を逸脱したロット品は再度浸漬工程を行う。 ・ただし官能検査で食味が異常を感じたら廃棄する。 ・管理基準逸脱の原因を調査し対策を立てる。
検証方法 ① 何を ② どうやって ③ どのくらいの頻度で ④ 誰が	① モニタリング記録の確認 ② 基準と照合 ③ 出荷前 ④ 品質管理担当者 ① 塩素濃度測定器 ② 正確な機器で測定 ③ 月1回 ④ 品質管理室 ① タイマー ② 正確なタイマーで測定 ③ 月1回 ④ 品質管理室
記録文書名・内容	① 塩素濃度、浸漬時間を洗浄・殺菌記録書に記録する。 ② 塩素濃度計、タイマーの校正結果を校正確認記録表に記録する。 ③ 記録書は賞味期限の倍数の日まで保管する。

第3章 「HACCPに基づく衛生管理」構築のモデル

表3.4 HACCPプラン(金属)

CCP番号	CCP2
工程	金属検査
危害要因 　生物的・化学的・物理的	物理的：金属片の残存
発生要因	金属探知機の通過漏れ
管理手段	正常に作動する金属探知機に全品通過させること
管理基準	製品 Fe1.5、SUS3.0 以上の金属を含まないこと
モニタリング方法 ① 何を ② どうやって ③ どのくらいの頻度で ④ 誰が	① 金属探知機 ② テストピースを検出器に通過させ、正常であることを確認する。製品全品を通過させる。 ③ アイテム変更のつど、テストピースによる作動を確認する。 ④ 管理作業者が監視・記録する。
改善措置	・管理基準を逸脱した場合は金属探知機の感度を再調整する。 ・逸脱した商品は専用ボックスに保管し正常品と識別できるようにしておく。 ・逸脱した製品は内容物をチェック後、廃棄する ・金属探知機の動作不良の場合は機器メーカーに修理依頼し、正常に作動することを確認後、適性区間以後の商品の再検査を行う。
検証方法 ① 何を ② どうやって ③ どのくらいの頻度で ④ 誰が	① モニタリング記録の確認 ② 目視 ③ 出荷前 ④ 品質管理担当者 ① 金属探知機の精度確認 ② テストピースを流して、正しい精度を示すか確認 ③ 年1回 ④ 専門業者
記録文書名・内容	① 金属探知機の動作状況を金属探知機記録表に記録する。 ② 精度確認の専門業者による校正報告書を保管する。 ③ 逸脱したロット品は修正措置実施記録に記録する。 ④ 記録文書は1カ月保管する。校正報告書は2年間保管する。

3.6　HACCPの7原則12手順 （手順1～手順6）：事例2

以下、「OK菓子株式会社」で製造する「焼菓子」の例からHACCPを構築する手順を解説する。

手順0：「HACCPに基づく衛生管理」構築のためのキックオフ大会の開催

HACCPに対して会社全体で取り組んでいくという企業方針について、パートも含む全従業員に対して意識を共有することで、より良い取り組みに進むことができる(3.2節を参照)。

手順1：HACCPチームの編成

HACCP構築の第一歩として、HACCPチームの編成を行う。このときの注意点は3.3節と同様である。

このチームが計画の実施上、中心的な役割を果たすことになる。当該のチームメンバーには、製品の製造工程の管理事項および管理基準について、専門的な知識を有する者を選定する。

一般的にHACCPチームは計画への実行力などの面から、施設の責任者である工場長や製造統括者を委員長(リーダー)として、工程ごとの責任者で構成するが、必ずしも役職者でなくてもよい。また、アドバイザーを採用するときの位置づけは、委員長と対等な立場に配置する。

HACCPチームの業務は、「HACCPプランの作成と導入」「HACCPプランにもとづく従業員の教育、訓練」「HACCPプランの検証、見直し」である。さらに、必要に応じてHACCPシステム全体の検証の実施と評価および見直しを行う。ここで重要なのは、このような作業を特

定の人だけで抱え込むのではなく、可能な限り社内の協力体制を確保したうえで進められるようにする環境づくりである。

手順2：製品についての記載

　管理対象がわからないと適格な対応策が考えられないため、「どのような食品が対象になるのか」を明確にすることから始める。そこで手順3と合わせて、「製品説明書」という形で製品の仕様や特性をさまざまな項目に分けて記述することで、一つの表にする。具体的には、製品の名称および種類、製品の特性、原材料・添加物の名称、包装の形態、単位と量、容器包装の材質、賞味期限あるいは消費期限と保存の方法、喫

表3.5　製品説明書に書き込むポイント

製品説明書の欄	書き込むポイント
製品の名称および種類	製品名でなく名称で記入する。フィナンシェプレーンは品名であり、名称はフィナンシェプレーンまたは焼菓子である。
原材料欄	使用原材料の名称を使用重量別に記載する。
添加物の名称欄	使用添加物の名称を記載する。
アレルゲン欄	アレルゲンの任意表示も含めて27品目記入するのが望ましい。容器包装の材質および形態は使用している包材の材質を記入する。
製品の特性欄	他の類似品と比較して、自社の製品と比べて特徴があれば記入する。例えば、「一般的には保存料を使用しているが、当製品は使用していない」など、特性に記述の必要があれば記入する。
賞味(消費)期限	微生物検査、官能検査、理化学検査などで得た結果にもとづいて設定する。
保存方法	製品の特性と実験結果によって定める。
喫食方法	製品の特性によって、「そのまま、加熱をして」などを明記する。
喫食対象	消費者と定める。多くは一般消費者である。

3.6 HACCPの7原則12手順(手順1～手順6)：事例2

食や利用の方法、そして手順3に挙げる対象の消費者を記載する。

「製品説明書に書き込むポイント」と「製品説明書の例」については、それぞれ**表3.5**、**図3.4**のようになる。

製品説明書	
製品名	フィナンシェプレーン

記載事項	内容
製品の名称および種類	フィナンシェプレーン(焼菓子)
原材料に関する事項	バター、卵白、砂糖、小麦粉、アーモンドパウダー、ホワイトリカー、コーンスターチ、米粉
添加物の名称とその使用量	トレハロース、加工澱粉、膨張剤、香料
容器包装の材質および形態	個包装：PE、PA、PET
製品の特性	AW：0.8以下、保存温度：常温
製品の規格 　(成分規格)	• 一般生菌：10万以下／g • 大腸菌群：陰性 • 黄色ブドウ球菌：陰性 　(洋生菓子衛生規範を根拠とする)
(自社基準)	• 一般生菌：10万以下／g • 大腸菌群：陰性 • 黄色ブドウ球菌：陰性 • 納品先の要望に合わせて焼成前充填量42g (41～43g)
保存方法	• 常温保存(直射日光、高温多湿を避ける)
消費期限または賞味期限	• 賞味期限　60日
喫食又は利用の方法	• 常温でそのまま喫食
対象者	• 一般消費者。特に制限はない

参考事項	

図3.4　製品説明書の例

第3章 「HACCPに基づく衛生管理」構築のモデル

手順3：対象の消費者の確認

　製品の特性に応じて、一般消費者向け、高齢者向け、乳幼児向けなどを決め、それを製品説明書に記述する。危害要因の可能性を検討するために「誰が、どのように利用するか」を明確にしなければ、製品管理の内容に影響が出てしまう。

　対象にする消費者像を明確にしておくことが、的確なHACCPプランを作成する重要なポイントになる。

手順4：フローダイヤグラムの作成（図3.5）

　ここでは原材料の受入れから最終製品の出荷までの工程や作業を簡潔に列挙し、それらの原材料や工程を枠で囲んで互いの枠を矢印で結び、工程順に番号をつける。また、危害の発生防止に関連する作業場の数値（温度、時間、pHなど）も記載する。

手順5：フローダイヤグラムの現場確認

　HACCPチームのメンバーが、「作成したフローダイヤグラムが実際の製造工程と合っているかどうか」について製造中に工場内で確認する。もし内容に差異がある場合、「フローダイヤグラムが正しいのか、実際の製造方法が正しいのか」を判断し、整合性をとる。

手順6（原則1）：危害要因分析

　原料である卵白・小麦粉・バターには微生物汚染の疑いがあるため、製造メーカーから原料規格書を入手したうえで、「生物的・化学的・物理的な重篤性のある危害要因があるかどうか」を判断する。ここで、「生物的・化学的・物理的な要因を原料メーカーできちんと管理している」と判断できれば、「重篤性のある危害要因はない」と判断できる。また、液卵白は殻などの異物のリスクも検討するが、原料メーカーでの

3.6　HACCPの7原則12手順(手順1～手順6)：事例2

工程中で異物除去の工程があるので「重篤性はない」と判断する。しかし、卵白に由来するサルモネラ菌の汚染については食中毒を起こす恐れが否定できないため「重篤性はある」と判断する。

以下、各工程ごとのポイントをまとめた。

① 原料保管工程

「常温で保管するものへの微生物の付着・汚染などについて保管場所を清潔に保つことで付着を起こさないこと」が前提となっている。また、冷蔵・冷凍保管をするものは、冷蔵庫の温度が上昇していた場合は病原微生物が増殖する可能性があるが、冷蔵庫の温度は冷蔵庫温度管理マニュアルで管理されているため、温度が設定基準以上に上昇することはない。また、上昇したとしても、ただちに基準以下に戻すことができる。

② 計量工程

計量器具由来の汚染が懸念されるものの、洗浄マニュアルを適切に運用し、衛生的な器具を使用することで、病原微生物が付着することはなくなる。また、作業時間を短時間に抑えることで病原微生物が増殖しない状態をつくることが重要である。

③ ミキシング(混合攪拌)工程

原材料の仮置きや備品などを介した原材料に由来するアレルゲンの交差汚染リスクが危険度の高いリスクとして捉えられるものの、原材料庫の整理・整頓および計量などに使用する器具類を区分けすることで管理できる。また、機器由来の異物の混入が危険度の高いリスクとして捉えられるものの、作業終了後に行われる点検で機器の破損に伴う異物混入があれば発見できるし、金属探知工程があるのでCCPとはしない。

第3章 「HACCPに基づく衛生管理」構築のモデル

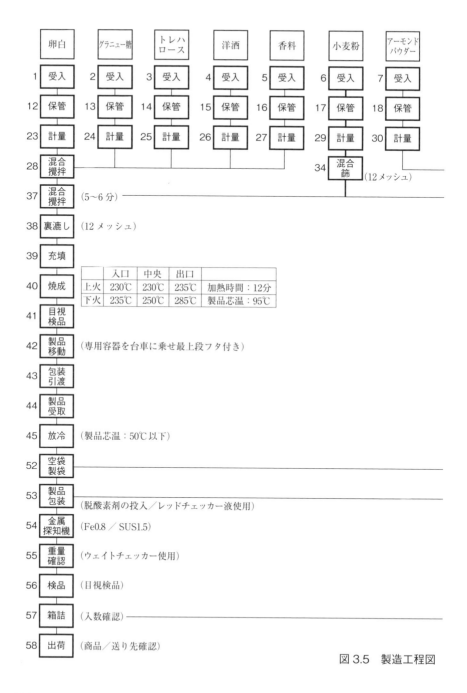

図 3.5　製造工程図

3.6　HACCPの7原則12手順(手順1〜手順6)：事例2

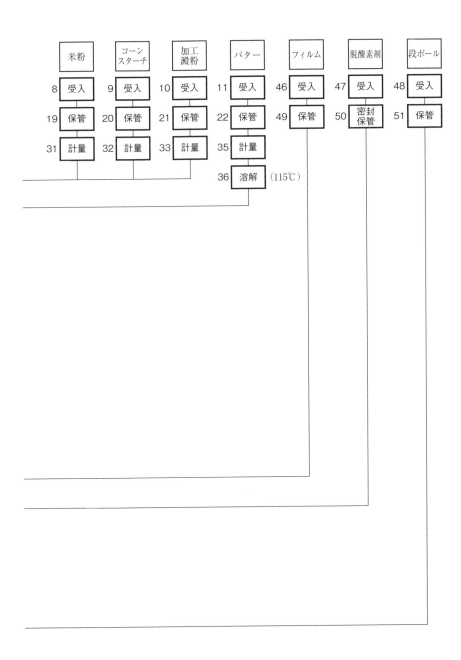

（フローダイヤグラム）

第3章 「HACCPに基づく衛生管理」構築のモデル

④ 充填工程

衛生的な器具を使用することで病原微生物が付着することはない。洗浄剤の残存についても洗浄マニュアルが適切に運用されていれば残存することはないので重篤性はない。ここでも機器由来の金属異物の混入があるが、前述の点検と金属探知工程が後にあるのでCCPとはしない。

⑤ 焼成工程

加熱温度と加熱時間が不足すると病原性微生物の残存・増殖が起こり、健康被害を及ぼす恐れがあるためにCCPに設定する。

⑥ 包装工程

従業員由来の汚染が挙げられるが、手洗いや健康チェックで汚染を予防できる。また、シール不良についてはシールチェッカー手順の遵守で包装に不備がないことが確認できるためにリスクに挙げる必要はない。

⑦ 金属探知工程

金属探知機が正常に探知できなかった場合には、健康被害を及ぼすおそれがあるためにCCPとする。

⑧ 出荷工程

出荷マニュアルを遵守するので、発生が予想される危害要因はない。

以上について、危害要因分析表にまとめると表3.6のようになる。なお、表3.6では複数頁にわたって同じ見出し行が連続しているが、これは表3.2と同様にあくまでも読者の便宜のためであり、実際の危害要因分析表の仕様ではないので注意してほしい。

3.6 HACCPの7原則12手順（手順1～手順6）：事例2

表3.6 危害要因分析表

製品の名称：フィナンシェプレーン					
原材料／工程 (1)	発生が予想される危害要件は何か (2)	食品から減少・排除が必要な重要な危害要因か (3)	判断根拠は何か (4)	重要と認めた危害要因の管理手段は何か (5)	この工程はCCPか (6)
1 卵白受入	生物的：病原微生物の汚染 サルモネラ菌 化学的：なし 物理的：なし	YES	飼育時に汚染	40 焼成工程にて除去	
2 グラニュー糖受入	生物的：なし 化学的：なし 物理的：なし				
3 トレハロース受入	生物的：なし 化学的：なし 物理的：なし				
4 洋酒受入	生物的：なし 化学的：なし 物理的：なし				
5 香料受入	生物的：なし 化学的：なし 物理的：なし				
6 小麦粉受入	生物的：病原微生物の汚染 化学的：なし 物理的：なし	NO	メーカー発行の原料規格書で確認、水分活性0.8以下を規格として管理		

表3.6 つづき1

原材料／工程 (1)	発生が予想される危害要件は何か (2)	食品から減少・排除が必要な重要な危害要因か (3)	判断根拠は何か (4)	重要と認めた危害要因の管理手段は何か (5)	この工程はCCPか (6)
7 アーモンドパウダー受入	生物的：なし				
	化学的：カビ毒に産生	NO	メーカー発行の原料規格書で確認		
	物理的：金属片の混入	NO			
8 米粉受入	生物的：病原微生物の汚染	NO	メーカー発行の原料規格書で確認		
	セレウス菌	NO	メーカー発行の原料規格書で確認		
	化学的：農薬の混入	NO	メーカー発行の原料規格書で確認		
	物理的：金属片の混入				
9 コーンスターチ受入	生物的：病原微生物の汚染	NO	メーカー発行の原料規格書で確認		
	化学的：農薬の混入	NO	メーカー発行の原料規格書で確認		
	物理的：金属片の混入	NO	メーカー発行の原料規格書で確認		
10 加工澱粉受入	生物的：病原微生物の汚染	NO	メーカー発行の原料規格書で確認		
	化学的：農薬の混入	NO	メーカー発行の原料規格書で確認		
	物理的：金属片の混入	NO	メーカー発行の原料規格書で確認		

3.6 HACCPの7原則12手順(手順1〜手順6):事例2

表3.6 つづき2

原材料/工程 (1)	発生が予想される危害要件は何か (2)	食品から減少・排除が必要な重要な危害要因か (3)	判断根拠は何か (4)	重要と認めた危害要因の管理手段は何か (5)	この工程はCCPか (6)
11 バター受入	生物的:なし 化学的:なし 物理的:なし				
12 卵白保管	生物的:病原微生物の増殖 化学的:なし 物理的:なし	NO	冷蔵庫保管温度管理手順で管理		
13 グラニュー糖保管	生物的:なし 化学的:なし 物理的:なし				
14 トレハロース保管	生物的:なし 化学的:なし 物理的:なし				
15 洋酒保管	生物的:なし 化学的:なし 物理的:なし				
16 香料保管	生物的:なし 化学的:なし 物理的:なし				
17 小麦粉保管	生物的:なし 化学的:なし 物理的:なし				
18 アーモンドパウダー保管	生物的:なし 化学的:なし 物理的:なし				

第3章 「HACCPに基づく衛生管理」構築のモデル

表3.6 つづき3

原材料／工程 (1)	発生が予想される危害要件は何か (2)	食品から減少・排除が必要な重要な危害要因か (3)	判断根拠は何か (4)	重要と認めた危害要因の管理手段は何か (5)	この工程はCCPか (6)
19 米粉保管	生物的：なし 化学的：なし 物理的：なし				
20 コーンスターチ保管	生物的：なし 化学的：なし 物理的：なし				
21 加工澱粉保管	生物的：なし 化学的：なし 物理的：なし				
22 バター保管	生物的：なし 化学的：なし 物理的：なし				
23 卵白計量	生物的：病原微生物の増殖 化学的：なし 物理的：なし	NO	衛生的に管理した器具を用いる (SSOP)		
24 グラニュー糖計量	生物的：なし 化学的：なし 物理的：なし				
25 トレハロース計量	生物的： 化学的：なし 物理的：なし				

3.6 HACCPの7原則12手順(手順1〜手順6):事例2

表3.6 つづき4

原材料／工程 (1)	発生が予想される危害要件は何か (2)	食品から減少・排除が必要な重要な危害要因か (3)	判断根拠は何か (4)	重要と認めた危害要因の管理手段は何か (5)	この工程はCCPか (6)
26 洋酒計量	生物的:なし 化学的:なし 物理的:なし				
27 香料計量	生物的:なし 化学的:なし 物理的:なし				
28 混合攪拌	生物的:病原微生物の増殖 化学的:なし 物理的:金属破片の混入	NO YES	機器の清掃・洗浄で管理する(SSOP) 機器由来の金属の混入の可能性	 54 金属探知工程で除去	 NO
29 小麦粉計量	生物的:なし 化学的:なし 物理的:なし				
30 アーモンドパウダー計量	生物的:なし 化学的:なし 物理的:なし				
31 米粉計量	生物的:なし 化学的:なし 物理的:なし				
32 コーンスターチ計量	生物的:なし 化学的:なし 物理的:なし				

表 3.6　つづき 5

原材料／工程 (1)	発生が予想される危害要件は何か (2)	食品から減少・排除が必要な重要な危害要因か (3)	判断根拠は何か (4)	重要と認めた危害要因の管理手段は何か (5)	この工程はCCPか (6)
33 加工澱粉計量	生物的：なし 化学的：なし 物理的：なし				
34 混合篩掛け（12メッシュ）	生物的：なし 化学的：なし 物理的：異物混入	YES	器具由来の金属異物混入	54　金属探知工程で管理	NO
35 バター計量	生物的：なし 化学的：なし 物理的：なし				
36 バター溶解	生物的：なし 化学的：なし 物理的：なし				
37 混合攪拌	生物的：病原微生物の増殖 化学的：なし 物理的：金属異物の混入	NO YES	器具由来の金属異物混入	54　金属探知工程で除去	NO
38 裏漉し	生物的：なし 化学的：なし 物理的：異物混入	NO NO YES	器具由来の金属異物混入	54　金属探知工程で除去	NO

3.6 HACCPの7原則12手順(手順1〜手順6):事例2

表3.6 つづき6

原材料／工程 (1)	発生が予想される危害要件は何か (2)	食品から減少・排除が必要な重要な危害要因か (3)	判断根拠は何か (4)	重要と認めた危害要因の管理手段は何か (5)	この工程はCCPか (6)
39 充填	生物的:病原微生物の汚染・増殖	NO			
	化学的:				
	物理的:金属異物の混入	NO	機器由来の金属の混入の可能性	54 金属探知工程で除去	NO
40 焼成	生物的:病原微生物の残存	YES	加熱温度・加熱時間不足のため病原微生物の生残の可能性	加熱温度・時間の設定	CCP1
	化学的:なし				
	物理的:なし				
41 目視検品	生物的:なし				
	化学的:なし				
	物理的:なし				
42 製品移動	生物的:なし				
	化学的:なし				
	物理的:なし				
43 包装引き渡し	生物的:なし				
	化学的:なし				
	物理的:なし				
44 製品受け取り	生物的:なし				
	化学的:なし				
	物理的:なし				

第3章 「HACCPに基づく衛生管理」構築のモデル

表3.6 つづき7

原材料／工程 (1)	発生が予想される危害要件は何か (2)	食品から減少・排除が必要な重要な危害要因か (3)	判断根拠は何か (4)	重要と認めた危害要因の管理手段は何か (5)	この工程はCCPか (6)
45 放冷	生物的：なし 化学的：なし 物理的：なし				
46 フィルム受入	生物的：なし 化学的：なし 物理的：なし				
47 脱酸素剤密封受入	生物的：なし 化学的：なし 物理的：なし				
48 段ボール受入	生物的：なし 化学的：なし 物理的：なし				
49 フィルム保管	生物的：なし 化学的：なし 物理的：なし				
50 脱酸素剤密封保管	生物的：なし 化学的：なし 物理的：なし				
51 段ボール保管	生物的：なし 化学的：なし 物理的：なし				
52 空袋製袋確認	生物的：なし 化学的：なし 物理的：なし				

3.6 HACCPの7原則12手順(手順1～手順6):事例2

表3.6 つづき8

原材料／工程 (1)	発生が予想される危害要件は何か (2)	食品から減少・排除が必要な重要な危害要因か (3)	判断根拠は何か (4)	重要と認めた危害要因の管理手段は何か (5)	この工程はCCPか (6)
53 製品包装	生物的:なし 化学的:なし 物理的:金属異物の混入	 YES	 設備由来の金属異物の混入の可能性	 54 金属探知工程で管理	 NO
54 金属探知機	生物的:なし 化学的:なし 物理的:金属異物の残存	NO NO YES	 金属探知機の動作不良で金属異物が残存する可能性 金属探知機が正常に作動しないことで混入した金属を排除できない可能性	 管理された金属探知機で全製品を通過させる。テストピース(Fe1.0mm SUS2.0mm)	 CCP2
55 ウェイトチェッカー	生物的:なし 化学的:なし 物理的:なし				
56 検品	生物的:なし 化学的:なし 物理的:なし				
57 段ボール詰め	生物的:なし 化学的:なし 物理的:なし				

第3章 「HACCPに基づく衛生管理」構築のモデル

表3.6 つづき9

原材料／工程 (1)	発生が予想される危害要件は何か (2)	食品から減少・排除が必要な重要な危害要因か (3)	判断根拠は何か (4)	重要と認めた危害要因の管理手段は何か (5)	この工程はCCPか (6)
58 出荷	生物的：なし 化学的：なし 物理的：なし				

手順7(原則2)：CCP(必須管理点)の設定

本事例の焼菓子のCCPは危害要因分析の結果、「焼成工程」(CCP1)と「金属探知工程」(CCP2)であるので、これらの工程で危害要因の管理基準を定める。

手順8(原則3)：CL(管理基準)を設定

「焼成工程」では、微生物検査および官能検査の結果から「上火230～235℃(入口から出口)・下火235～285℃(入口から出口)・焼成時間12分」と設定する。また、「金属探知工程」では、「製品中に鉄(Fe)：1.0mm以上、ステンレス(SUS)：2.0mm以上の金属片を含まないこと」と設定する。

手順9(原則4)：モニタリング方法の設定

「焼成工程」では焼成担当者がオーブン付属操作盤の温度計を確認したうえで、当日製造開始時に製品芯温を計測(オーブン出始め・中・出終わり)する。

「金属探知工程」では、テスト担当者がテストピースで金属探知機の正常稼働を確認して、全製品を通過させ、金属異物のチェックを行い、

3.6 HACCPの7原則12手順(手順1〜手順6):事例2

記録する。

手順10(原則5):改善措置の設定

　改善措置の設定について「CCP工程をモニタリングしたときに、管理基準を逸脱したときはどうするか」を決めておけば、現場の担当者がすぐに対応できるため、不良品を製造工場から流失することを阻止できる。

　例えば、「焼成工程」で「焼成温度と焼成時間を満たしていない」と判断した場合は、「オーブンを誰が調整するのか」「加熱不足の製品は廃棄するのか」などを決めておく。その後、基準を満たしていなかった原因を調査し、改善する。

　「金属探知工程」のテストピースでモニタリングをしても作動しなかったとき、金属探知機が正常に作動するように改善する。その後、前のモニタリング以降の全製品を金属探知機に通過させる全品検査で金属異物が入っている恐れのあるものは検知する。このとき、製品に金属異物が入っている可能性があるので、他料品と区別して識別する。品質管理担当者は「金属異物が入っているかどうか」を確認する。金属が入っていればその製品は廃棄し、その後、原因を調査して対策を立てる。

手順11(原則6):検証方法の設定

　検証方法の設定で重要なのは、まずCCP設定した「焼成工程」と「金属探知工程」のモニタリング記録の確認である。製造責任者や品質管理担当者が製品の出荷前までに記録を確認しなければならない。また、出荷までに確認して基準に逸脱していた場合、そのまま出荷すれば健康被害を及ぼす恐れがあるので、出荷停止しなければならない。このほかにも、焼成機の定期メンテナンスや金属探知機の精度評価などを定期的に行う。

手順12(原則7):記録の維持管理

「焼成工程および金属探知工程のモニタリング記録の保管」「各工程それぞれについて基準を逸脱したときの改善記録」といった特定した重要管理点項目について HACCP プラン(表 3.7、表 3.8)を作成する。

第3章の参考文献
[1]　日本惣菜協会 編:『惣菜製造管理認定事業の手引　第3版』、2014 年

3.6 HACCPの7原則12手順(手順1〜手順6):事例2

表3.7 HACCPプラン(フィナンシェプレーン:CCP1)

CCP番号	CCP1
工程	29 焼成工程
危害要因 生物的・化学的・物理的	生物的危害 微生物の生残
発生要因	加熱温度・加熱時間の不足
管理手段	加熱温度・加熱時間の測定
管理基準	<table><tr><td></td><td>入口</td><td>中央</td><td>出口</td><td>備考</td></tr><tr><td>上火</td><td>230℃</td><td>230℃</td><td>235℃</td><td>加熱時間:12分</td></tr><tr><td>下火</td><td>235℃</td><td>250℃</td><td>285℃</td><td>製品芯温:95℃</td></tr></table>
モニタリング方法 ① 何を ② どうやって ③ どのくらいの頻度で ④ 誰が	① オーブン付属操作盤の温度計を確認 ② 当日製造開始時に計測 ③ 製品芯温を計測(オーブン出始め・中・出終わり) ④ 焼成担当者
改善措置	① 加熱温度不足に関してはオーブンを再調整(工程) ② 修正できない場合はメーカー修理とし、製造中止(工程) ③ 加熱温度不足の製品については廃棄(製品)
検証方法 ① 何を ② どうやって ③ どのくらいの頻度で ④ 誰が	① モニタリング記録の確認 ② 目視 ③ 週1回・出荷前 ④ 部門長 ① 微生物検査 ② 認定検査機関で ③ 月1回以上 ④ 品質管理担当者 ① 焼成機の定期点検 ② 専門機材を使って ③ 年1回 ④ 専門業者
記録文書名・内容	① 焼成モニタリング記録 ② 改善措置記録 ③ 微生物検査試験検査報告書 ④ 焼成機の点検記録

第 3 章 「HACCP に基づく衛生管理」構築のモデル

表 3.8 HACCP プラン（フィナンシェプレーン：CCP2）

CCP 番号	CCP2
工程	40　金属探知工程
危害要因 　生物的・化学的・物理的	物理的危害 金属片の残存
発生要因	装置の不具合で金属異物が除去されない可能性がある。
管理手段	全製品を正常に機能する金属探知機を通過させること。
管理基準	製品中に鉄(Fe)：1.0mm 以上、ステンレス(SUS)：2.0mm 以上の金属片を含まないこと。
モニタリング方法 ① 何を ② どうやって ③ どのくらいの頻度で ④ 誰が	① 鉄(Fe)：1.0mm 以上、ステンレス(SUS)：2.0mm のテストピースで金属探知機が正常に作動することを確認 ② 製品を全数チェック ③ 作業開始時・昼食後・作業終了時に確認 ④ 包装担当者
改善措置	① 逸脱時には包装担当が金属探知機を停止させる。 ② 製品を区別し、金属反応専用ボックスに入れて部門長へ報告する。 ③ 部門長は速やかに品質管理室へ報告する。 ④ 反応品前後の製品の反応確認を行い、問題なければ工場長、品質管理室、部門長の判断で稼働を再開する。 ⑤ 品質管理室担当者は工程が正常な間に排除された製品を開封し、金属片の有無を確認して由来を検討する。製造ライン担当、包装担当は設備・器具の破片が確認されれば当該装置の修理・交換を行う。
検証方法 ① 何を ② どうやって ③ どのくらいの頻度で ④ 誰が	① モニタリング記録を確認　② 目視 ③ 出荷前　④ 品質管理担当者 ① 金属探知機の精度確認 ② テストピースを流して、正しい精度を示すか確認 ③ 年1回　④ 専門業者
記録文書名・内容	① 金属探知機モニタリング記録 ② 金属探知機校正記録 ③ 改善措置記録

第4章

❖

「HACCPの考え方を取り入れた衛生管理」構築のモデル

第4章 「HACCPの考え方を取り入れた衛生管理」構築のモデル

4.1 HACCPの制度化に向けて実施する3つの事項

　2018年6月の食品衛生法の改正における大きな改正点は「すべての食品等事業者」を対象として「HACCPに基づく衛生管理」、または「HACCPの考え方を取り入れた衛生管理」についての計画の作成を求めている点である。第3章においてはCodex-HACCPにもとづく正当なHACCP構築事例を示した。本章では「HACCPの考え方を取り込んだ衛生管理計画」のつくり方について解説する。

　HACCPの制度化に向けて、食品事業者は「HACCPの考え方を取り入れた衛生管理」に該当する「衛生管理計画」を作成したうえで、それにもとづいて業務を実施し、その記録を残して、確認する必要がある。

　そのため、本節ではHACCPの制度化に向けて実施する以下の3つの事項について、それぞれ解説する。

> ■ HACCPの制度化に向けて実施する3つの事項
> (1)　衛生管理計画の策定
> (2)　計画にもとづく実施
> (3)　確認・記録

(1)　衛生管理計画の策定

　衛生管理計画は、日頃から食品を製造するなかで行っていることについて「一般衛生管理のポイント」および「重要管理のポイント」に分けて文書にすることである。

4.1 HACCP の制度化に向けて実施する3つの事項

(a) 一般衛生管理のポイント

「一般衛生管理のポイント」とは、「原材料の受入」に始まり、「施設・設備および機械・器具の洗浄・殺菌などの衛生管理」「食品の衛生的な取扱い」「食品従事者の衛生管理と教育・訓練」などの食品の衛生管理にかかわる共通事項であり、どの食品製造施設においても行うべき項目である。

「一般衛生管理のポイント」は以下のような項目について作成するが、項目の数や内容については事業者団体が作成した手引書によって異なるので注意してほしい。

① 原材料の管理　　　　　　② 冷蔵・冷凍庫の温度管理
③ 清潔な製造施設の確保と維持　④ トイレの洗浄・殺菌
⑤ 使用水の管理　　　　　　⑥ ネズミ・昆虫の防除
⑦ 排水および廃棄物の管理　　⑧ 従業員の衛生管理
⑨ 従業員の教育・訓練　　　　⑩ 回収手順

これらの項目が必要な理由および各項目のチェックポイントについては 4.4 節を参照してほしい。

(b) 重要管理のポイント

「重要管理のポイント」とは、安全な食品を作るために特に大事なポイントは何かをあらかじめ考えて、そのポイントを重点的に管理する衛生管理の方法であり、食品の種類や製造方法に合わせて行うべき事項である。

「重要管理のポイント」では調理や製造工程で特に注意すべき事項についてチェック方法を決めておくことが必要である。

(2) 計画にもとづく実施

上記の「衛生管理計画の策定」で決めた計画に従って、日々の衛生管理を確実に行うことが重要である。

(3) 確認・記録

実施した結果を記録する。衛生管理計画どおり実施できなかった場合には、その内容や対処を記録用紙に書き留めて毎日確認を行う。また、定期的に(1カ月ごとなど)記録を振り返り、同じような問題が発生している場合には対応を検討する。

4.2 衛生管理計画の文書化のポイント

今、実際に製造現場で実施していることを文書に書き出すことで、従業員の皆さんに「なぜやらなければならないのか」を理解してもらったうえで、実施してもらう必要がある。このとき、特に「Aさんがやったら良い結果が出たが、Bさんがやったら良い結果が出なかった」といったことにならないように注意する。

そのため、衛生管理計画には「いつ」「どこで」「何を」「誰が」「どうする(どのような方法で)」「できなかった場合」を明確に記載する必要がある。このような事項を実際に記載する際には図 4.1 のようなフォーマットを利用すると便利である。

また、ここで特に注意すべきなのは、以下の事項である。

- 「いつ実施するか」を決めておき、後で振り返ったときに問題がなかったことがわかる状態にしておくこと(いつ)

4.3 危険温度帯および冷却・加熱調理

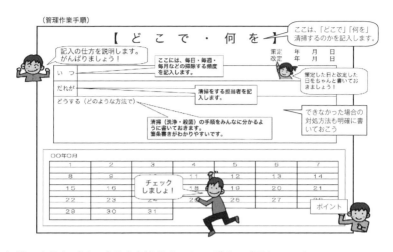

出典） 京都府：「京の食品安全管理プログラム導入の手引」、p.29（http://www.pref.kyoto.jp/shokupro/haccp.html）（アクセス日：2018/11/29）

図4.1　衛生管理計画の文書作成のポイント（手順書のフォーマットの一例）

- 「どのような方法で実施するか」を決めておき、誰が実施しても同じように実施できる状態にしておくこと（どうする）
- 普段と異なることが発生した場合に、対処する方法を決めておくこと（できなかった場合）

4.3　危険温度帯および冷却・加熱調理

　衛生管理計画を作成するためには、まず始めに重要管理のポイントである危険温度帯について理解する必要がある。

　食品を10～60℃の温度帯（危険温度帯）に置いたままにすると、食品についた細菌が増殖するため、食品原材料や調理品については危険温度帯をできるだけ避けて、冷却したり、加熱調理する必要がある（図4.2）。

第4章 「HACCPの考え方を取り入れた衛生管理」構築のモデル

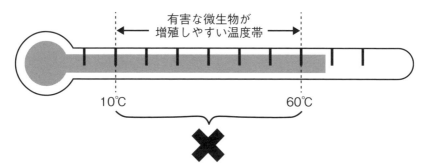

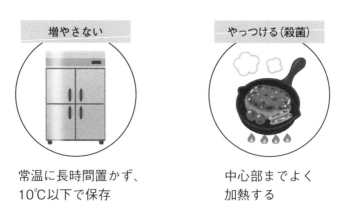

図4.2 危険温度帯および冷却・加熱調理

　特に、冷却は「細菌を増やさない」ことが、加熱調理は「細菌を殺す」ことが目的である。そのため、冷却した場合には「細菌が増える前に冷やしたかどうか」を確認し、加熱調理した場合には「食品の中心まで熱が通ったかどうか」を確認する必要がある。

4.4 一般衛生管理のポイント

「HACCPの考え方を取り入れた衛生管理」においては、一般衛生管理の充実がポイントである。食品衛生7Sの考え方をもとに、「4.1節に示した10項目について、どのように対応すべきか」のポイントをできるだけ具体的に解説する。

(1) 原材料の管理

① なぜ必要なのか

原材料の鮮度・品質は、できあがった食品の良し悪しを決める大きな要因の一つであるからである。そのため、原材料は計画的に購入し、余分な在庫をもたないことが重要になる。

また、「腐敗しているもの」「包装が破れているもの」「消費期限や賞味期限が過ぎているもの」「保存方法が守られていない原材料」については品質が劣化しているだけでなく、異物が混入していたり、有害な微生物が増殖している可能性があり、その取扱いには注意が必要である。

② いつ

例えば、「原材料の納品時」といった場面を想定するとよい。

③ どのように

例えば、原材料の外観や臭い、包装の状態や表示(期限、保存方法)、品温などを確認する。また、原材料が納品される際には、担当者が立ち会って確認する必要がある。その場で原材料の良否を決めて返品すれば不良品を受け入れずに済むし、間違って不良原材料を使用する危険性も

第4章 「HACCPの考え方を取り入れた衛生管理」構築のモデル

なくなるからである。

　新しく発注した原材料については、特に「原材料名」「原料原産地」「遺伝子組み換え食品」「アレルゲン」の使用などを確認しておく必要がある。また、原材料が相互に汚染しないよう、フタ（封）をしたうえで肉などの生鮮品と加工品は区分けして保管する。このとき、賞味期限が古いものを前に置いて、先入れ・先出しができるように工夫しながら、保管場所や保管容器も清潔に保つとよい。

　納品された原材料で冷蔵や冷凍保存が必要なものは速やかに冷蔵庫や冷凍庫で保管する必要があるが、常温保管の原材料についても高温多湿にならない場所に保管するように注意する。

④　できなかった場合
　③のような処置で対応できない場合、例えば、返品したり、交換する

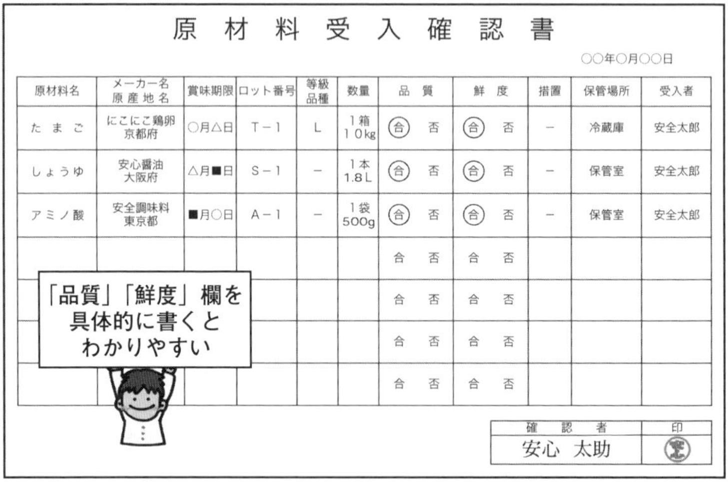

原材料名	メーカー名 原産地名	賞味期限	ロット番号	等級 品種	数量	品質	鮮度	措置	保管場所	受入者
たまご	にこにこ鶏卵 京都府	○月△日	T−1	L	1箱 10kg	合 否	合 否	−	冷蔵庫	安全太郎
しょうゆ	安心醤油 大阪府	△月■日	S−1	−	1本 1.8L	合 否	合 否	−	保管室	安全太郎
アミノ酸	安全調味料 東京都	■月○日	A−1	−	1袋 500g	合 否	合 否	−	保管室	安全太郎
						合 否	合 否			
						合 否	合 否			
						合 否	合 否			
						合 否	合 否			

原材料受入確認書　〇〇年〇月〇〇日

「品質」「鮮度」欄を具体的に書くとわかりやすい

確認者　安心 太助　印

出典）京都府：「京の食品安全管理プログラム導入の手引」、p.48（http://www.pref.kyoto.jp/shokupro/haccp.html）（アクセス日：2018/11/29）

図4.3　原材料の受入確認記録（例）

4.4 一般衛生管理のポイント

といった対応をとる。また、異物が混入している場合、単純に取り除くことで対応できなければ、返品する。

以上のような原材料の管理を実際に記載する際には**図 4.3** のようなフォーマットを利用すると便利である。

(2) 冷蔵・冷凍庫の温度管理

① **なぜ必要なのか**

温度管理が悪かった場合、有害な微生物が増加し、原材料の品質が劣化する可能性があるためである。

② **いつ**

例えば、「始業時のみ」や「1 日 3 回(始業時、昼休憩後、終業時)」などを想定するとよい。

③ **どのように**

例えば、温度計で冷蔵庫や冷凍庫の庫内温度を確認する。このとき、「冷蔵庫は 10℃以下、冷凍庫は − 18℃以下にする」といった基準に従う。

④ **できなかった場合**

③のような処置で対応できない場合、例えば温度異常の原因を確認して、設定温度の再調整をしたり、あるいは故障として対応してメーカーに修理を依頼する。その後、庫内の原材料の状態に応じて、それらの使用の可否・廃棄について判断する。

なお、冷蔵庫・冷凍庫内に保管している原材料の消費期限や賞味期限については定期的に確認することで、期限内に使用するように注意する。

第4章 「HACCPの考え方を取り入れた衛生管理」構築のモデル

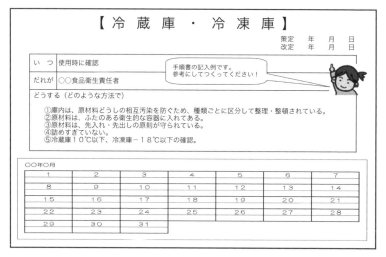

出典) 京都府:「京の食品安全管理プログラム導入の手引」、p.40(http://www.pref.kyoto.jp/shokupro/haccp.html)(アクセス日:2018/11/29)

図 4.4　冷蔵庫・冷凍庫の温度確認記録(例)

以上のような冷蔵・冷凍庫の温度管理を実際に記載する際には**図4.4**のようなフォーマットを利用すると便利である。

(3)　清潔な製造施設の確保と維持

①　なぜ必要なのか

製造施設や製造機械、器具が清潔でないと汚れが食品に付着し、微生物に汚染される危険性があるからである。

食品はできるだけ清潔な環境で取り扱う必要があるのは当然だが、「加熱しない食品(生野菜など)」「加熱する食品用原材料(生肉など)」「加熱後の食品(トンカツなど)」それぞれについて、調理器具を分けて使用し、また保管場所も区分けすることが必要になる。

4.4 一般衛生管理のポイント

② いつ

例えば、作業終了後や使用後（1回／日以上）を想定するとよい。

③ どのように

例えば、製造施設や製造機械、器具について、それぞれあらかじめ洗浄・殺菌方法を決めたうえで、日常的な管理はそれに従うことで、清潔な状態を保ちつつ、あらかじめ決められた場所に保管する。また、製造室内は、1回／日以上清掃・洗浄し、清潔に保つことも重要である。

④ できなかった場合

③のような処置をした後に、例えば汚れや洗浄剤などが残っていた場合、再度決められた方法で洗浄またはすすぎ洗いをして、殺菌する。このようなケースでは、責任者が洗浄担当者にできていなかったことを伝えて、決められた洗浄方法について再指導を行う。しかし、もし再指導した後でもできない場合には、洗浄方法そのものに問題があると考えてみることで、洗浄方法の見直しも検討する必要がある。

製造現場で使用する洗剤や薬剤については、その保管・管理が不十分だと誤使用の危険性があるため、小分けして使用する場合には専用の容器に入れ、明確に内容物の表記を行い、定位置に保管することで、誤使用をなくす対策が必要となる。

以上のような清潔な製造施設の確保と維持について実際に記載する際には図4.5のようなフォーマットを利用すると便利である。

第4章 「HACCPの考え方を取り入れた衛生管理」構築のモデル

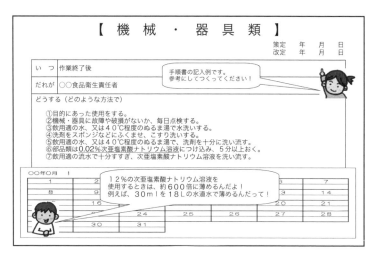

出典） 京都府：「京の食品安全管理プログラム導入の手引」、p.34（http://www.pref.kyoto.jp/shokupro/haccp.html）（アクセス日：2018/11/29）

図 4.5　機械・器具の洗浄・殺菌記録（例）

(4) トイレの洗浄・殺菌

① なぜ必要なのか

トイレはさまざまな有害な微生物に汚染される危険性がもっとも高い場所である。便座や便器を汚していなくても、トイレを使えば微生物が手や衣服に付着したり、それらを介してドアノブなどを汚染する可能性もある。そのため、トイレを利用した人の手を介して食品を汚染する恐れ（ノロウイルス、腸管出血性大腸菌など）には特に注意する必要がある。

② いつ

例えば、始業前などを想定するとよい。

③ どのように

例えば、洗剤（濃度 0.02％以上の次亜塩素酸ナトリウム）で便器全体の

4.4 一般衛生管理のポイント

洗浄・殺菌を行う。特に便座、水洗レバー、手すり、ドアノブなど人が触れる箇所は入念に消毒することが重要である。トイレを清掃するときは清掃用の作業着や手袋などを着用し、調理する食品を汚染しないよう注意する。

④ **できなかった場合**

③のような処置で対応できなかった場合には、再度洗浄・殺菌を試みる。通常の作業をしているときに不意にトイレを汚してしまった場合でも同様にして念入りに洗浄・殺菌を行う必要がある。

以上のようなトイレの洗浄・殺菌について実際に記載する際には図4.6のようなフォーマットを利用すると便利である。

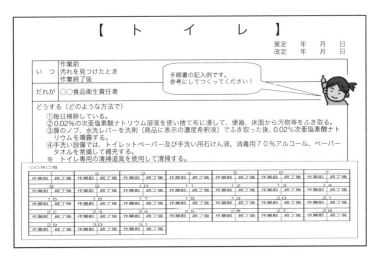

出典) 京都府:「京の食品安全管理プログラム導入の手引」、p.41 (http://www.pref.kyoto.jp/shokupro/haccp.html) (アクセス日:2018/11/29)

図4.6 トイレの洗浄記録(例)

第4章 「HACCPの考え方を取り入れた衛生管理」構築のモデル

> ■ノロウイルスによる事故事例
> 　体調不良の従業員がトイレで下痢と嘔吐をした。その後、清掃し、アルコール消毒も行って、その作業員は調理作業を行わずに帰宅したが、そのトイレを使用した別の従業員がフルーツの盛付を行って、食中毒が発生してしまった。
> 　従業員に下痢や嘔吐があった場合にはノロウイルスを疑い、洗浄・殺菌方法を決めておく必要がある。トイレの洗浄・殺菌には次亜塩素酸ナトリウムによる殺菌が有効である。次亜塩素酸ナトリウムはO157などの腸管出血性大腸菌にも有効である。

(5) 使用する水の管理

① なぜ必要なのか

水は食品の製造に欠かせないからである。食品の製造工程だけではなく、施設・設備の洗浄にも水が使われるため、使用水の管理は大変重要なのである。

② いつ

例えば、「水道水を直結して使用している場合は始業時」「水道水を直結していない場合(貯水槽に貯めたもの、井戸水、湧水など)は、始業時および年1回以上」「井戸水、湧水を使用している場合や災害などで水源などが汚染された恐れがある場合はその都度」実施する。

③ どのように

例えば、水道水を直結して使用している場合は、「色・濁り・臭い・異物がないか」を確認する。水道水を直結していない場合は、毎日、「色・濁り・臭い・異物がないか」「遊離残留塩素が0.1mg/ℓ以上であ

4.4　一般衛生管理のポイント

ること」を確認したうえで、年1回以上の水質検査を実施する。貯水槽を使用している場合は年1回以上清掃も必要となる。また、井戸水や湧き水を使用している場合は、「殺菌装置や浄水装置がきちんと機能しているか」を定期的に確認する。

> **■遊離残留塩素**
> 　遊離残留塩素とは、「水中に溶けている次亜塩素酸および次亜塩素酸イオンのこと」である。日本では水道法にもとづいて、給水栓における水の遊離残留塩素が0.1mg/ℓ以上を保持するように塩素消毒する必要がある。

> **■食品に使用する水の衛生条件**
> 　食品に使用する水の衛生条件は以下のとおりである。
> ① 微生物に汚染された、または微生物に汚染されたことを疑わせるような生物もしくは物質を含まないこと
> ② シアン、水銀、その他の有害物質を含まないこと
> ③ 銅、鉄、フッ素、フェノール、その他の物質をその許容量を超えて含まないこと
> ④ 異常な酸性またはアルカリ性を呈しないこと
> ⑤ 無色透明で臭気がなく、異味がないこと

④　できなかった場合

　例えば、毎日の確認事項(色、濁り、臭い、異物、遊離残留塩素)や水質検査で問題があった場合には、ただちに食品にかかわる水の使用は中止して、保健所に相談する。

　このとき、例えば、終業時に判明した場合には安全が確認されるまで、その日に製造した製品の出荷を止める。

第4章 「HACCPの考え方を取り入れた衛生管理」構築のモデル

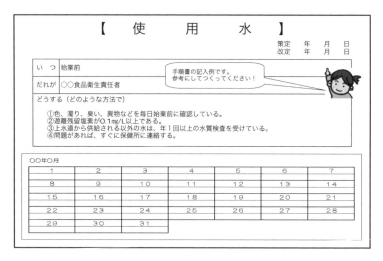

出典) 京都府:「京の食品安全管理プログラム導入の手引」、p.42 (http://www.pref.kyoto.jp/shokupro/haccp.html)(アクセス日:2018/11/29)

図4.7 使用水の確認記録(例)

以上のような使用する水の管理について実際に記載する際には**図4.7**のようなフォーマットを利用すると便利である。

> ■ 基準以上のシアン化合物による事故事例
> 工場で使用していた地下水から基準を超えるシアン化合物が検出されたため、この水を使用した製品を回収した。この工場では水質基準を満たしていない結果が出ていたにもかかわらず給水を中止していなかった。

(6) ネズミ・昆虫の防除

① なぜ必要なのか

ネズミは汚れを持ち込み、原材料・製品を食べながら増えていくため、

汚染源となるからである。また、昆虫もネズミ同様に汚れを持ち込み、これらを媒介とした微生物汚染や異物混入の原因となる。このようにネズミ・昆虫にはさまざまな危険性があるため、その駆除を徹底する必要がある。

② いつ

例えば、「ネズミ・昆虫の目撃や捕獲があった場合」「6カ月に1回以上」から「毎日」まで、必要に応じて頻度を決めるとよい。

③ どのように

例えば、外から侵入しないように出入り口の開閉管理(開けたら閉める)を徹底して、窓は原則開けないようにする。開ける必要がある場合には防虫網戸を設置することが重要である。

ネズミや昆虫の生息場所となるような出入り口付近の外周の雑草や不要物を撤去したり、ネズミ・昆虫の誘因源や発生源とならないように製造終了時の洗浄を徹底し、洗浄後のゴミは廃棄物保管場所へ集める。

原材料や仕掛品はネズミや昆虫の被害を受けない場所で封やフタをするなどして保管する。また、6カ月に1回以上は製造室などの一斉駆除を行う。

殺虫駆除作業は原材料など食品に影響がないように作業終了後に行い、殺虫後は調理器具や製造機械、設備の洗浄を徹底する。さらに、ネズミや昆虫の生息状況について捕獲トラップなどを利用して監視する。

④ できなかった場合

例えば、生息状況を捕獲トラップなどによって監視し、目撃や捕獲があった場合は早急に専門業者に相談するなど対策をとり、早急な対応を行うことが重要である。

第 4 章 「HACCP の考え方を取り入れた衛生管理」構築のモデル

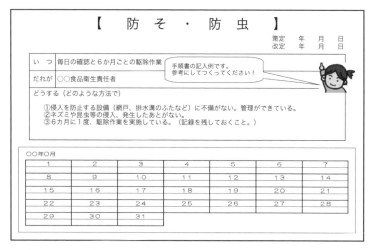

出典) 京都府:「京の食品安全管理プログラム導入の手引」、p.43(http://www.pref.kyoto.jp/shokupro/haccp.html)(アクセス日:2018/11/29)

図 4.8　ネズミ・昆虫の防除記録(例)

以上のようなネズミ・昆虫の防除について実際に記載する際には図 4.8 のようなフォーマットを利用すると便利である。

(7) 排水および廃棄物の管理

① なぜ必要なのか

製造室で出た食品ゴミや油などをそのまま排水溝などに流すとネズミや昆虫の発生源となり、地下水を汚染する恐れがあるからである。また同様に、製造室のゴミや汚れを放置するとネズミや昆虫の誘因源になったり、微生物の増殖源となるため、製造終了後に製造室内にゴミが残らないように注意する。

4.4 一般衛生管理のポイント

② いつ

　例えば、製造終了後を想定するとよい。

③ どのように

　例えば、排水への対処として、排水溝にグリストラップやゴミ受けなどを設置するが、これらのグリストラップやゴミ受けにも洗浄が必要になる。廃棄物は製造室にゴミが残らないように注意しながら、製造室から離れた廃棄物保管場所に保管する。その際に生ゴミは臭いや中身が漏れないように密封して保管し、ネズミ・昆虫の誘因・発生源とならないように注意が必要である。可能であれば、生ゴミ専用の冷蔵庫が欲しい。また、生ゴミだけでなく、段ボールなどの資材ゴミもネズミ・昆虫の生息場所となるため、こまめに業者に引き渡すことが望ましい。

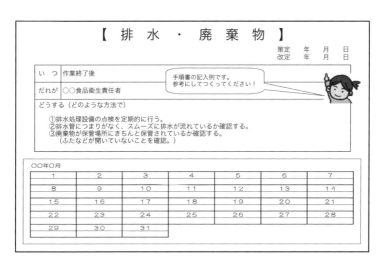

出典）京都府：「京の食品安全管理プログラム導入の手引」、p.44（http://www.pref.kyoto.jp/shokupro/haccp.html）（アクセス日：2018/11/29）

図 4.9　排水・廃棄物の記録（例）

第4章 「HACCPの考え方を取り入れた衛生管理」構築のモデル

④ **できなかった場合**
例えば、③の対策を実施する。

以上のような排水および廃棄物の管理について実際に記載する際には前掲の図4.9のようなフォーマットを利用すると便利である。

(8) 従業員の衛生管理

① **なぜ必要なのか**
食品工場や調理場の機械化が進んだとはいえ、まだまだ人の手が入ることが多いのが食品製造だからである。特に飲食店や食品の種類によっては、ほとんどが手作業で製造されていることも珍しくない。そのため、食品に携わる従業員の清潔さは大変重要である。
製造担当者が下痢をしている場合、手指などを介して食品を汚染し食中毒が発生する危険性がある。また、手指に傷や手荒れがある場合にも食中毒の要因となる。指輪や時計、ネックレスなどの装飾品を付けたままでの製造作業は食品の汚染や異物混入の原因となる可能性がある。

② **いつ**
例えば、「製造開始前」「製造中」「年1回以上」を想定するとよい。

③ **どのように**
例えば、表4.1の事項をチェックするとよい。

④ **できなかった場合**
例えば、再度、ルールどおりに実施してもらう。しかし、その場合にやみくもに叱りつけるのではなく、「なぜできなかったのか」と理由を

4.4 一般衛生管理のポイント

表 4.1 チェック項目(例)

チェック項目	詳細
従業員の体調チェック(製造開始前)	① 発熱、腹痛、下痢、吐き気、嘔吐がないか。 ② 切り傷、手荒れがないか。 ③ 目、耳、鼻からの病的な分泌物はないか。
身だしなみ、持ち込みチェック(製造開始前)	① 爪は伸びていないか。 ② 帽子、作業着などはルールどおり着用しているか(毛髪などのはみ出しはないか、ほころびはないか、汚れはないか)。 ③ 持ち込み禁止物はないか。
製造室入場の際に決められたとおりであったか(製造開始前)	① 粘着ローラーなどによって作業着の異物を除去する。 ② 手洗いを行う。
検便	年1回以上は実施する。できれば月1回程度の実施が望ましい。
製造室内で守るべき事項(製造中)	① 私語は慎む。 ② 喫煙や飲食は所定の場所でする。 ③ 痰や唾は吐かない。 ④ 食品の上でくしゃみや咳をしない。 ⑤ 調理器具を食品以外に使用しない。 ⑥ 部外者をみだりに出入りさせない。

聞き出すことが重要である。その理由が「ルールを知らなかった」という場合には、「なぜルールを守る必要があるのか」も含めてルールを教える。しかし、もしルールが守れなかったり、守りにくい場合には、守れるものへと見直して、改定する必要がある。

以上のような従業員の衛生管理について実際に記載する際には**図 4.10**のようなフォーマットを利用すると便利である。

第4章 「HACCPの考え方を取り入れた衛生管理」構築のモデル

従業員等の衛生管理点検表

平成　年　月　日

責任者	衛生管理者

ケガ、体調については責任者に報告すること！

氏　　名	体調	皮膚外傷	爪	作業着	帽子	マスク	履き物	指輪

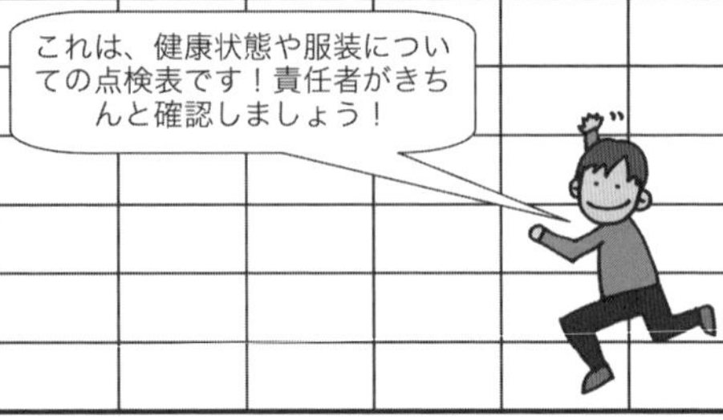

これは、健康状態や服装についての点検表です！責任者がきちんと確認しましょう！

	点　検　項　目	点検結果
1	下痢、腹痛、発熱等の症状がある従業員は食品の取扱作業に従事していない。	
2	手指等に外傷（やけど、切り傷等の化膿創）がある従業員は食品の取扱作業に従事していない。	
3	着用する作業着、帽子等は清潔なものに交換されている。	
4	作業場専用の履き物を使用している。	
5	汚染作業区域から清潔作業区域への移動の際には、外衣、履き物の交換（困難な場合は消毒）が行われている。	
6	便所には、作業着、帽子、履き物のまま入っていない。	
7	食品取扱区域での飲食、喫煙、放たん、保護されていない食品上でのくしゃみ、咳などの行動がない。	
8	手指の洗浄・消毒を適切な時期、方法で行っている。	
9	食品取扱以外の者がやむを得ず、作業場に立ち入る場合には、専用の清潔な作業着、帽子、履き物を着用させている。	立ち入り者

	点　検　項　目　（1か月に1回）	点検結果
1	従業員に対する衛生教育を行っている。	

出典）　京都府：「京の食品安全管理プログラム導入の手引」、p. 45（http://www.pref.kyoto.jp/shokupro/haccp.html）（アクセス日：2018/11/29）

図 4.10　従業員の衛生管理と衛生教育の記録(例)

(9) 従業員の教育・訓練

① なぜ必要なのか

従業員の教育・訓練は、食品の「安全」を確保するためのルールや手順を理解するのに必要な手段だからである。

せっかく作ったルールも守らなければ何の意味もない。「"衛生管理"は教育に始まり、教育に終わる」といわれているほどである。食品事故の原因のほとんどは作業の慣れによる油断や無知からくる判断の誤りであり、必ず「人」が関係しているのである。

教育・訓練は大変重要であるので、できる限り「食品安全」について知ることができる環境を整えることが大事である。

② いつ

例えば、「新人入社時」「月1回」「重大クレームやトラブル発生時」などを想定するとよい。

③ どのように

例えば、以下のようなやり方がある。
1) OJT
   作業手順などを実際にやってみせることや、やらせてみることを通じて教育する。
2) 情報の共有
   「食品安全」に関する新聞記事や業界情報などを切り抜き、従業員に回覧したり、掲示板として貼り出すことで、情報の共有を図る。
3) 朝礼に合わせた申送り
   朝礼に合わせて5分程度申送りをする。クレーム発生時や業界情報などの伝達、または食品衛生7Sなどの言葉の読み合わせも有効

第 4 章 「HACCP の考え方を取り入れた衛生管理」構築のモデル

である。
4) 勉強会
　約 30 分〜1 時間程度の勉強会を定期的に行う。手洗いの方法や異物混入防止などテーマを設けて実施する。また、外部セミナーなどへの参加も該当する。
5) 新人教育
　新規採用時に現状のルール、衛生管理の基礎、洗剤や消毒剤などの薬剤の使用方法の説明を行い、その後、「説明したことを理解しているか」を確認するため、OJT を実施する。このときの記録書は図 4.10 を参照するとよい。

(10) 回収手順

① なぜ必要なのか
　製造した食品や製品に食品衛生上の問題が発生した場合など、速やかに問題となった製品を回収する必要がある。

② いつ
　この場合、即座に対応する必要がある。

③ どのように
　速やかに保健所へ報告を行い、回収を実施する。報告から回収までを速やかに行うためには、回収の方法や責任者、保健所への報告手段などをあらかじめ決めておく必要がある。
　回収手順は、例えば以下のような流れで行う。
　　1) 回収チームの招集
　　2) 「回収の是非」の判断

3) 「回収の範囲」「出荷先」などの情報の収集
4) 回収方法の決定
5) 回収方法を通知する媒体(店頭告知、Web ページ、社告など)、通知する内容(回収商品の送付先、受付時間、担当者(部署)、代替品(返金、金券など))の決定
6) 保健所、その他関係機関への連絡
7) 取引先への対応
8) (必要に応じて)報道機関への対応
9) 回収品の処理方法の決定
10) お客様へのお知らせ

3)で決定した内容について漏れや誤りがないように、事前に基本的・原則的な対処方法を決定しておく。決定した内容は、すぐに確認できる箇所(事務所の壁など)に連絡先などを掲示しておけば、いざというときに慌てなくて済む。

以上のようにして回収した製品は、保健所の指示に従って取り扱わなければならない。勝手に廃棄せず、問題のない製品と混ざらないように管理して保健所の指示を仰ぎながら適切に取り扱う必要がある。このとき、回収品は他のものと見分けがつくようにラベルを貼って、特定の場所を決めるなどしたうえで保管する。

4.5　重要管理のポイントの作成：飲食店向け

本節では「HACCP の考え方を取り入れた食品衛生管理の手引き」(厚生労働省)および「HACCP の考え方に基づく衛生管理のための手引書」(日本食品衛生協会)をもとにして、「HACCP の考え方を取り入れた衛

第4章 「HACCPの考え方を取り入れた衛生管理」構築のモデル

生管理」を飲食店などが行うときに最も大事な重要管理のポイント作成について解説する。

以下、調理中の危険温度帯に着目してチェック方法を決めていくが、4.2節で解説した「危険温度帯」の理解を前提としているので注意してほしい。

(1) すべてのメニューを3つに分類する

調理中の加熱、冷却、保存などの温度帯に注目してメニューを以下の3つのグループに分類を行う。これが重要管理のポイントを作成するときにまず行うべきことである(図4.11)。

① 第1グループ
加熱しない食品(冷蔵品を冷たいまま、加熱せずそのまま提供)

② 第2グループ
加熱してすぐ提供する食品(温かいまま提供)

③ 第3グループ
加熱と冷却をくり返す食品(加熱後冷却し、再加熱したものを温かいまま提供、または加熱後冷却し、冷たいまま提供)

以上のメニューの分類とそれぞれ該当する具体的なメニュー(例)をまとめると表4.2のようになる。

4.5 重要管理のポイントの作成：飲食店向け

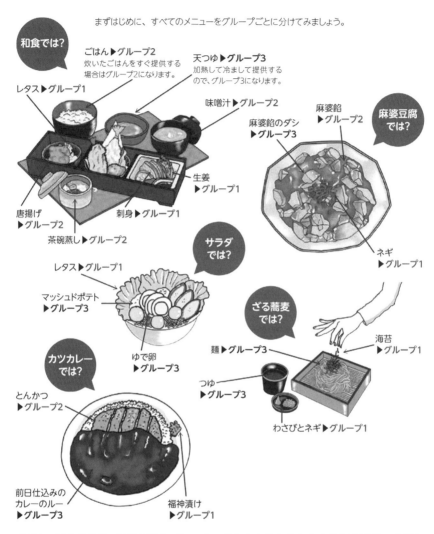

出典）厚生労働省：「HACCP（ハサップ）の考え方を取り入れた食品衛生管理の手引き（飲食店編）」、p. 21 (https://www.mhlw.go.jp/stf/seisakunitsuite/bunya/0000161539.html)（アクセス日：2018/11/29）

図 4.11　調理中の温度帯に注目したメニューの分類

第4章 「HACCPの考え方を取り入れた衛生管理」構築のモデル

表4.2 メニューの分類とそれぞれ該当する具体的なメニュー(例)

分類	重要なポイント	該当するメニュー(例)
第1グループ	■加熱しない食品 　加熱工程がないため、食材に付着している有害な微生物を殺菌することができない。そのため、有害な微生物に汚染されていない食材を使用するか、万が一、付着した有害な微生物が増殖しないように冷蔵庫(低温)で保管することが重要である。	刺身、冷奴、生野菜サラダ、漬物、カットネギ、わさび、刻み海苔、生食で提供する食材、下処理後の加熱前の食材など
第2グループ	■加熱してすぐ提供する食品 　鶏肉などの食肉は有害な微生物に汚染されている可能性があるので、十分な加熱を行うようにする。食肉などに存在している有害な微生物は75℃で1分間以上の加熱を行い死滅させる必要があるため、中心部まで火を通すことが重要である。また、加熱調理後、盛付時などに手指や調理器具(皿なども含む)を介して食品を汚染させないように注意する。	ハンバーグ、焼き魚、焼き鳥、から揚げ、ステーキ、餃子、うどんの麺、天ぷらなど
	■加熱後、温蔵保管する食品 　温蔵する場合は60℃以上に保温する。	から揚げ、ライス、味噌汁など
第3グループ	■加熱後冷却し、再加熱する食品 　加熱調理したものを長時間室温に置いておくと、加熱した後もなお食品に残っている微生物および加熱後に付着した有害な微生物などが増殖してしまうので、食中毒の原因となる。加熱後、保管する場合は危険温度帯(10～60℃)に長く留まらないように、素早く冷却することが重要である。その後、再加熱する場合は十分に加熱する。	カレー、だし、スープ、ソース、たれなど
	■加熱後冷却する食品 　冷却後、冷蔵庫より取り出したらすぐ提供する。	ゆで卵、マッシュドポテト、ポテトサラダなど

出典) 日本食品衛生協会:「小規模な飲食店事業者向け HACCPの考え方を取り入れた衛生管理のための手引書」(http://www.n-shokuei.jp/eisei/haccp.html)(アクセス日:2018/11/29)を参考に作成

(2) メニュー分類後、それぞれのメニューのチェック方法を決める

3分類したメニューそれぞれについて、調理方法に応じたチェック方法を書き出す。

① 第1グループ

冷たいままで提供する冷蔵品のような非加熱のものを含むが、そのチェック方法については、表4.3を参考例とする。

加熱調理をしない料理は食材に付着している有害微生物を殺菌することができないため、有害微生物を付けてしまうと、そのままお客様の口に入ってしまう可能性がある。そのため、生肉などとは分けて保管し、清潔な手指、器具で取り扱うことが重要である。また万一にも付着した有害な微生物が増殖しないように、刺身やサラダなどは冷蔵庫(10℃以下)で保管し、早めに提供する。

表4.3 第1グループのメニューとそのチェック方法(例)

メニュー	チェック方法(例)
刺身、冷奴など	・冷蔵庫から取り出したらすぐ提供する。 ・冷蔵庫の温度を確認する。
生野菜サラダ	・野菜を十分に洗浄・殺菌し、盛り付けて提供する。 ・すぐに提供しない場合は冷蔵庫で保存しておき、盛り付ける直前に冷蔵庫から出して盛り付けて提供する。

出典) 日本食品衛生協会:「小規模な飲食店事業者向け HACCP の考え方を取り入れた衛生管理のための手引書」(http://www.n-shokuei.jp/eisei/haccp.html)(アクセス日:2018/11/29)を参考に作成

第4章 「HACCPの考え方を取り入れた衛生管理」構築のモデル

② 第2グループ

　第2グループには冷蔵品を加熱したり、熱いまま提供したり、加熱した後に高温保管をしたりするものを含むが、そのチェック方法については、**表4.4**を参考例とする。

　表4.4のような第2グループについては、食品の中心部が十分に加熱されたとき、火の強さ、火を当てる時間や食品の見た目（形状、色（特に中心部の色））などを日々の調理のなかで観察しておくことで、普段から食品の見た目などを通じて「加熱が十分であるかどうか」を確認する。このとき、あらかじめ「何度で、何分間加熱すれば、食品の中心が十分な温度と時間で加熱されるのか」を決めておくことが大切である。

　加熱調理によって微生物を殺した後の食品については、汚れた素手や手袋で触わらないことが重要である。また、加熱後、高温保管する場合は微生物が増えないように60℃以上で温蔵することに注意する。

表4.4　第2グループのメニューとそのチェック方法（例）

メニュー	チェック方法（例）
レアステーキ	レアであっても、表面は十分に加熱され色が変わっていることを確認する。
ハンバーグ	火の強さや時間、見た目、肉汁の色で判断する。
焼き魚	魚の大きさ、火の強さや時間、焼き上がりの触感（弾力）、見た目で判断する。
焼き鳥	火の強さや時間、見た目で判断する。
から揚、天ぷらなど	油の温度、揚げる時間、油に入れる数量、見た目で判断する。
シチュー、スープ、ソースなど	加熱して沸騰した時に泡がボコボコ出て、湯気が十分に出ていることを確認する。
ライスなど	触感、見た目で判断する。

出典）　日本食品衛生協会：「小規模な飲食店事業者向け HACCP の考え方を取り入れた衛生管理のための手引書」(http://www.n-shokuei.jp/eisei/haccp.html)（アクセス日：2018/11/29）を参考に作成

例えば、「ハンバーグの中心まで十分に火が通るように加熱させたかどうか」をチェックする方法を決める場合、温度や時間など、その場ですぐ確認できる具体的でわかりやすいものにすることが重要である。また、「ハンバーグが焼き上がった」と判断するために
は、中心に竹串を刺し、出てくる肉汁の色が透明になっていることで「加熱できた」と判断したり、中火で片面を焼き目がつくまで焼いた後、裏返して蓋をして〇分以上蒸し焼きにすることで「加熱できた」などと判断するとよい。

しかし、どちらのケースでもあらかじめ、「当該のやり方で"十分に加熱された"（食品の中まで十分に火が通った状態になった）と判断すること」の正当性について、ハンバーグを割って断面を確認したり、温度計で中心温度を確認するなどして実証しておくことが重要である。

例えば、生肉や内臓に存在する可能性のある腸管出血性大腸菌やカンピロバクター、サルモネラ属菌などによる食中毒を防ぐには、中心温度75℃にて1分以上の加熱が必要である。また、温度計で食品の中心温度を確認する場合には、「温度計が正しい温度を示しているかどうか」についてあらかじめ精度の確認（校正）を行う必要がある。新しいメニューを追加した場合も同様に確認を行う。

表4.4については、調理の都度、記録する必要はないが、1日の最後に結果を記録する。また、問題があった場合にはその内容をその都度メモをして、1日の最期に記録用紙（日誌）に書き留めておく。

③ 第3グループ

第3グループには「加熱後に冷却し再加熱するもの」「加熱後冷却するもの」を含むが、そのチェック方法については、**表4.5**を参考例とする。

第4章 「HACCPの考え方を取り入れた衛生管理」構築のモデル

表4.5 第3グループのメニューとそのチェック方法(例)

メニュー	チェック方法(例)
カレー、スープ、ソースなど	加熱後速やかに冷却し再加熱後の気泡の確認、見た目や温度などから判断する。
ポテトサラダなど	加熱後速やかに冷却し、冷蔵(10度以下)で早めに提供できたかどうかで判断する。また、冷蔵庫の温度を確認して判断する。

出典) 日本食品衛生協会:「小規模な飲食店事業者向け HACCPの考え方を取り入れた衛生管理のための手引書」(http://www.n-shokuei.jp/eisei/haccp.html)(アクセス日:2018/11/29)を参考に作成

　加熱状態のチェック方法は第2グループと同様に行う。また、加熱後は、冷却の段階で危険温度帯(10～60℃)に長く留まらないようにすることが重要なので、「食品の入った鍋のあら熱をとり、ふたをして、鍋ごと冷蔵する」などして冷却ムラを防ぐことが重要である。このとき、例えば、広く自然界に分布し、熱に強い芽胞を形成して、通常の加熱調理では死滅しないウェルシュ菌に注意する。これは冷却が緩慢になると急速に増殖する性質があるので、加熱後に保管する際には、「小さな容器に小分けし、浅いバットに移し替えて氷水で急冷する」などする。また、再加熱する際は、提供直前によくかき混ぜながら十分な加熱を行うことが大切である。この具体的な対応については、国内の給食施設を対象とした「大量調理施設衛生管理マニュアル」[1]において、「30分以内に20℃以下に、そして1時間以内に10℃以下に冷却するよう工夫すること」としている。

　なお、第1グループと第3グループの食品を混ぜるときは、第3グループの食材が速やかに冷却された後に混ぜるようにする。第3グルー

---

1) 厚生労働省:「食品等事業者の衛生管理に関する情報」「(2)大量調理施設(学校、社会福祉施設等)の衛生管理に関する情報」(https://www.mhlw.go.jp/stf/seisakunitsuite/bunya/kenkou_iryou/shokuhin/syokuchu/01.html)(アクセス日:2018/11/29)

プと第3グループを混ぜて保管するときには、最初の加熱が終わってから速やかに冷却し、混ぜた後でも速やかに冷却する。

(3) 失敗したらどうするか決めておく

「決めたチェック方法どおりに調理ができなかった食品をどうするか」をあらかじめ決めておく必要がある。例えば、「揚げ物の温度が十分でなかった場合は、再度加熱するのか、または廃棄するのか」「予定より長く冷却時間がかかってしまった食品はどうするのか」など、事前に決めておく。

(4) 決めたことを正しく行っているかを確認したら、記録に残す

記録をとることは非常に重要である。「日頃の衛生管理がうまく運用されているか」がわかるし、何より食中毒の疑いをかけられたときに、自分たちが決めたルールをしっかりと守っている証拠として、記録を提出できるからである。

決めたチェック方法については、調理の都度、記録する必要はないが、1日の最後に結果を記録したり、また問題があった場合にはその内容を記録用紙（日誌）に書き留めておくようにする。このようにして記録をつけ続けることで、調理業務の改善点が見えてくる。これにより業務の見直しを図り、効率化につながるなどといった効果が生まれる。

(5) 記録を見直す

(1カ月ごとなど)定期的な記録の確認などを行ったとき、同じような

第4章 「HACCPの考え方を取り入れた衛生管理」構築のモデル

問題についてクレームがあったり、衛生上気になったりした場合には、同一の原因によると思われるので、チェック方法やルール自体の見直しを検討する。

例えば、「玉子焼きの焼成記録書」を作成するとき、玉子焼きの焼成温度と時間はそれぞれ「85〜90℃で5〜6分」のように決め、「そのとおりできたかどうか」を記録する。ここで、「担当者」は記録した人であり、確認者はこの記録書を確認した人である。このとき、決められたとおりにできなかった場合の対処も記録しておくことが重要である。

実際に記載する際には図4.12のようなフォーマットを利用すると便利である。例えば、図4.12の記録書から温度が80℃であった玉子焼きは廃棄され、出荷されていないことがわかる。

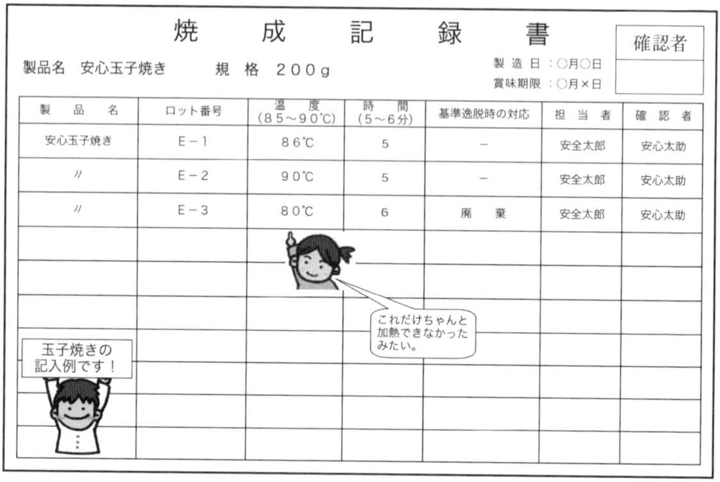

製品名	ロット番号	温度 (85〜90℃)	時間 (5〜6分)	基準逸脱時の対応	担当者	確認者
安心玉子焼き	E-1	86℃	5	-	安全太郎	安心太助
〃	E-2	90℃	5	-	安全太郎	安心太助
〃	E-3	80℃	6	廃棄	安全太郎	安心太助

製品名 安心玉子焼き　規格 200g　製造日：○月○日　賞味期限：○月×日

（玉子焼きの記入例です！　これだけちゃんと加熱できなかったみたい。）

出典）　京都府：「京の食品安全管理プログラム導入の手引」、p.50 (http://www.pref.kyoto.jp/shokupro/haccp.html)（アクセス日：2018/11/29）

図4.12　焼成記録書(例)

4.5　重要管理のポイントの作成：飲食店向け

(6)　「衛生管理計画」を作成する

　以下、麻婆豆腐のメニューを例に、原料の受入から原料保管、使用器具の洗浄、調理、料理提供までの工程を、「衛生管理計画」にもとづいて「一般衛生管理のポイント」と「重要管理のポイント」をそれぞれ作成し、その記録例を示していく。「一般衛生管理のポイント」は4.4節を、「重要管理のポイント」は本節を参考にするとよい。

　まず、図4.13のような麻婆豆腐の原材料について「冷蔵庫に保管した原材料などが適切に保管されていたかどうか(冷蔵状態であったか)」を確認する。このとき、基準を超えた場合の対応記録も残しておく必要がある。

　このとき、麻婆豆腐というメニューの「重要管理のポイント」に対する記録表(例)を作成するためには、まず調理マニュアルやレシピ表に第1グループ〜第3グループ(4.5節(1)項)を当てはめてみるとよい。いつも使っているレシピ表にポイントを書き足すことで「どこに気を付ければよいか」「どんなことをすれば対策ができているか」が簡単にわかる。

　このときの原材料受入記録は図4.14を、原材料の保管状況の確認は図4.15を参考にするとよい。また、使用する器具類についても、できるだけ詳細に記録する必要があるため、例えば、まな板の洗浄記録(図4.16)、包丁の洗浄記録(図4.17)といった記録をつけるとよい。

　図4.14のような麻婆豆腐のメニューを参考とすれば、作業手順のなかで原材料を加熱したり冷却したりするので、例えば「中火で炒める豚ひき肉(作業手順3)」「チキンスープ(作業手順4)」「刻みネギ(作業手順8)」といった加工される原材料を第1〜第3グループのぞれぞれに分けることで、表4.6のように個々のチェック方法を決めればよい。

第4章 「HACCPの考え方を取り入れた衛生管理」構築のモデル

メニュー：麻婆豆腐　期間：20○○年○月○日～20○○年○月○日
数量：一人前　価格：○○○円

原料No.	原材料名	数量	作業手順
1	木綿豆腐 1/4丁	100g	1．豆腐は塩ゆでし、水分を切っておく。オーダー後に2cm角に切り、塩少々を加えた湯で軽くゆでる。
2	刻みネギ	2g	
3	豚ひき肉	30g	2．調味ペーストを作り、ボウルに合わせる。
4	調味ペースト にんにくみじん切り 豆板醤 コチュジャン	○g	3．フライパンにサラダ油を入れて熱し、豚ひき肉を入れ、中火で炒め（第2グループ）、一度火を止めて、2.を加える。 4．再度中火で炒め、チキンスープ（第3グループ）を加える。
5	チキンスープ	150ml	5．スープが煮立ったら豆腐を加え、再度煮立てて、酒、しょうゆ、塩コショウを加える。
6	サラダ油	20g	
7	酒	○ml	6．弱火にして水溶き片栗粉を回し入れる。とろみがついたら強火にしてしっかり火を通す。
8	しょうゆ	○g	
9	片栗粉	○g	7．最後にサラダ油大さじ1を加えて混ぜ、器に盛る。
10	塩コショウ	0.2g	8．刻みネギ（第1グループ）を中心にふりかける。

盛付例

特記事項
アレルギー情報、豚肉、鶏肉、大豆
提供時の注意点：温かいうちに提供する事

冷蔵保管の原料：木綿豆腐、豚ひき肉、刻みネギ、豆板醤（開封後）、コチュジャン（開封後）、チキンスープ
他の原料は常温保管

出典）厚生労働省：「HACCP（ハサップ）の考え方を取り入れた食品衛生管理の手引き（飲食店編）」、p.27（https://www.mhlw.go.jp/stf/seisakunitsuite/bunya/0000161539.html）（アクセス日：2018/11/29）

図4.13　麻婆豆腐の原材料(例)

4.5 重要管理のポイントの作成：飲食店向け

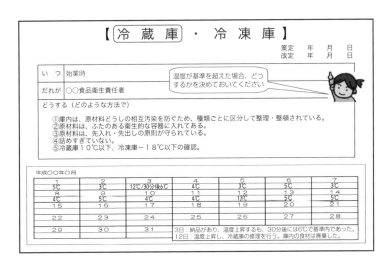

出典） 京都府：「京の食品安全管理プログラム導入の手引」、p.52（http://www.pref.kyoto.jp/shokupro/haccp.html）（アクセス日：2018/11/29）

図 4.14　麻婆豆腐メニューの原料受入確認記録（例）

出典） 京都府：「京の食品安全管理プログラム導入の手引」、p.40（http://www.pref.kyoto.jp/shokupro/haccp.html）（アクセス日：2018/11/29）

図 4.15　麻婆豆腐メニューの原材料の保管状況の確認（例）

第4章 「HACCPの考え方を取り入れた衛生管理」構築のモデル

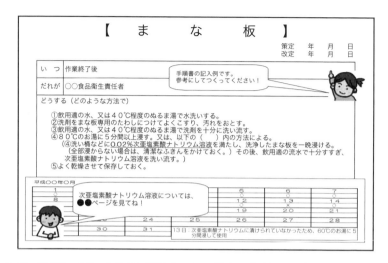

出典） 京都府：「京の食品安全管理プログラム導入の手引」、p. 37（http://www.pref.kyoto.jp/shokupro/haccp.html）（アクセス日：2018/11/29）

図 4.16　まな板の洗浄記録（例）

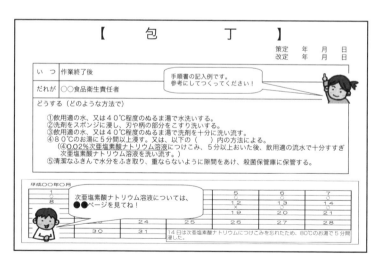

出典） 京都府：「京の食品安全管理プログラム導入の手引」、p. 38（http://www.pref.kyoto.jp/shokupro/haccp.html）（アクセス日：2018/11/29）

図 4.17　包丁の洗浄記録（例）

4.5 重要管理のポイントの作成：飲食店向け

表 4.6 グループに分類した原材料(例)

分類	メニュー	チェック方法(例)	年　月　日 チェック結果	記入者
第1グループ	刻みネギ	すぐに使用しない場合は冷蔵庫で保管し、使用する直前に冷蔵庫から出してふりかける。	○	安心です代
第2グループ	中火で炒める豚ひき肉	ひき肉の色が完全に変わるまで加熱する。	○	安心です代
第3グループ	チキンスープ	スープを作る際には、加熱後、表面に泡がポコポコ出て、湯気が充分出ていることを確認した後、速やかに冷却する。また、再加熱時には同じく、表面に泡がポコポコ出て、湯気が充分出ていることを確認する。	×	安心です代
備考：衛生上気づいたこと　・チキンスープが昨日から冷蔵保管されていなかったため、廃棄した。　・新しく作り直したスープを使用した。				
確認者	安心　太郎			

(7) 飲食店が注意すべきその他の項目

① 鶏の卵を使用して調理する場合

70℃で1分間以上の加熱が必要となる。ただし、賞味期限を過ぎていない生食用正常卵(ひび割れや液漏れなどのないもの)を使用して、すみやかに調理する場合などは除く。

② 魚介類を生食用に調理する場合

真水(水道水など飲用に適する水)で十分に洗浄し、汚染の恐れのあるものを除去する。

第4章 「HACCPの考え方を取り入れた衛生管理」構築のモデル

③ 牛の肝臓または豚肉・豚内臓

生食用として提供しない。調理する場合は中心温度を75℃で1分間以上加熱しなければならない。

④ 金属などの硬質異物

口の中を切るなど、健康被害を及ぼすので、原料に含まれている異物も含めて、調理作業中の異物混入防止対策が必要である。

⑤ アレルゲン情報

正しく提供できるようにするための準備をしておくことが必要になる。消費者庁は、特定原材料(卵、乳、小麦、そば、落花生、えび、かに)などをメニュー表に記載するなど、消費者へのアレルゲン情報の提供を推奨している。

⑥ アニサキスの幼虫

サバ、イワシ、カツオ、サケ、イカ、サンマ、アジなどの魚介類の内臓にはアニサキスの幼虫が寄生していることがある。これらは魚介類の鮮度が落ちると内臓から筋肉に移動するが、これらが寄生した食品を生で食べた場合に、激しい腹痛を伴う食中毒が発生する場合がある。

アニサキスによる食中毒を防ぐため、以下の点に注意する。

1) 新鮮な魚介類を選び、アニサキス幼虫が筋肉に移動する前にすみやかに内臓を取り除く。
2) 目に見える大きさのため、目視で確認し、薄くそぎ切りにするなどして、除去する(寄生虫は渦巻き状になっていることが多い)。
3) 魚の内臓を生で提供しない。
4) 冷凍(−20℃で24時間以上)、または加熱(60℃で1分間、または70℃以上で数秒)する。

一般的な調理で使用する程度の食酢での処理、塩漬け、しょうゆやわさびをつけてもアニサキス幼虫が死なないことに注意する。

(8) 温度計の精度確認(校正)を行う

必要に応じて「温度計が正しく温度を測定しているかどうか」について精度の確認(校正)を行う。以下の手順を参考にするとよい。

1) 砕いた氷を用意する。氷水に温度計のセンサー部分を入れ、静置(約1分)後に表示温度が0℃になっていることを確認する。
2) 次に電気ケトルに水を入れ、沸騰させる。沸騰したら、注ぎ口に温度計のセンサーを刺し、沸騰蒸気の温度を測定する。静置(約1分)後に表示温度が100℃になることを確認する。
3) やかんは直火の輻射熱の影響を受けるので電気ケトルを使うことが重要である。施設の海抜高度や気圧によっては、100℃（沸点）にならないことがあるので注意する。

4.6 重要管理のポイントの作成：小規模食品工場向け

「HACCPの考え方を取り入れた衛生管理」に該当する小規模食品工場については、各業界団体が「HACCPの考え方に基づく衛生管理」のための手引書を作成しているので、自分の製造品種に適した手引書を参照する。

2018年10月現在、小規模な一般飲食店、食品添加物、清涼飲料水、しょうゆ、生めん、乾めん、納豆、漬物、豆腐、米粉、魚肉練り製品、スーパーマーケットにおける調理・加工・販売について手引書が作成さ

れている。

(1) 製造工程を管理する

　自分の工場で製造している商品ごとに工程管理表を作成して、製造の流れを整理し、「どの工程で何をチェックするか」を確認して、工程ごとに手順書を作成する。

　手順書ができたら「従業員の全員が理解できる内容かどうか」を確認してみる。このとき、「手順書どおりに実施できるかどうか」も確認しておく。せっかく手順書を作っても実施できない内容では意味がないからである。また、手順書どおりにできなかった場合の改善処置(廃棄、再処置など)についても決めておく。

　手順書には実施頻度を具体的に「ロットごと」「毎日(製造後、製造前、製造中か)」「週に1回」「月に1回」「6カ月ごと」などと決めておく。

> ■ロットとは
> 　同一の条件のなかで生産・製造したものをロットとよぶ。例えば、1釜ごと、1バッチごと、1タンクごとなどで、同じ日や同じ時間に同じ製造工程において製造された食品などを差す。

(2) 記録の重要性を理解する

　記録をとることは非常に重要である。「日頃の衛生管理がうまく運用されているか」がわかるし、何より食中毒の疑いをかけられたときに、自分たちが決めたルールをしっかり守っている証拠として提出できる。

　1日の最後に記録を見直し、手順書どおりにできなかった場合の改善処置が手順どおりできなかった場合など、問題があった場合には「当日

に製造した製品を出荷してもよいかどうか」を判断する必要がある。

記録を実施することで製造工程の改善点が見えてくるし、これらを着実に改善することで業務の見直しを図り、効率化につなげられるといった効果が生まれるのである。

(3) 記録を見直す

（1カ月ごとなど）定期的な記録の確認などを行って、クレームや衛生上で気がついたことなど、同じような問題が発生している場合には、同一の原因が考えられるため、決めたチェック方法やルールの見直しを検討する。

4.7 重要管理のポイントの作成：小規模な豆腐製造事業者向け

以下、実際の豆腐工場を例に「重要管理のポイント」の衛生管理計画の策定とその記録方法について説明していく。

「一般衛生管理のポイント」は各業種共通で取り組むべき管理項目であるため、4.4節を参照してほしい。

(1) 対象となる事業所の規模

製造にかかわる従業員数は「100人以下」の事業者である。

(2) 対象となる豆腐の種類

対象となる豆腐は「絹ごし豆腐」「木綿豆腐」「充填豆腐」「寄せ豆腐」である。

(3) 一般的な製造工程

小規模な豆腐製造業における一般的な製造工程は、図 4.18 のようになる。

(4) 重要管理のポイント

まず最初の段階で原料大豆由来の微生物を殺菌するため、大豆の煮沸温度と時間の管理が重要となる。しかし、豆乳には、熱に強い微生物が残っているので、「絹ごし豆腐」「木綿豆腐」「寄せ豆腐」については、包装後ただちに冷却することが必要である。「充填豆腐」については、残存している微生物を殺菌するために加熱・凝固温度と時間を確認することが重要である。

すべての豆腐において、販売ケース、冷蔵庫、チラー水冷却槽の温度を管理することで、販売・保存時の微生物増殖を防止することができる。

(5) 大豆の煮沸温度・時間の確認

大豆の煮沸温度・時間の確認は、「絹ごし豆腐」「木綿豆腐」「充填豆腐」「寄せ豆腐」で必須である。

4.7　重要管理のポイントの作成：小規模な豆腐製造事業者向け

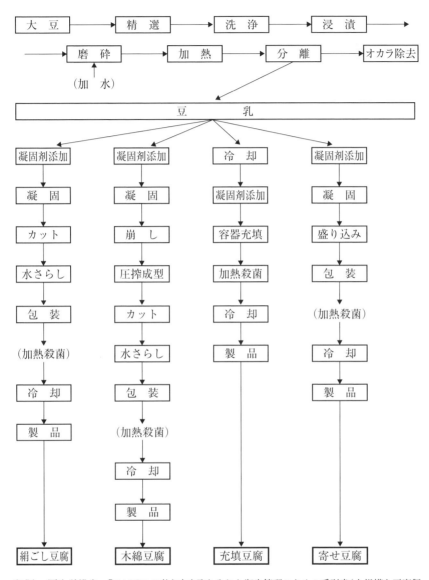

出典）厚生労働省：「HACCPの考え方を取り入れた衛生管理のための手引書(小規模な豆腐製造事業者向け)」、p.9 (https://www.mhlw.go.jp/stf/seisakunitsuite/bunya/0000179028.html)（アクセス日：2018/11/29）

図 4.18　小規模な豆腐製造業における一般的な製造工程

第4章 「HACCPの考え方を取り入れた衛生管理」構築のモデル

① なぜ必要なのか
　加熱温度、時間が不足すると、病原微生物（セレウス菌[2]など）が残存する可能性があるからである。そのため、適切な加熱温度と時間で管理する必要がある。

② いつ
　大豆（呉液や生豆乳などを含む）の煮沸時である。

③ どのように
　沸騰状態で2分間以上またはそれと同等以上に加熱する。煮沸温度の目安は97℃から106℃であり、これについては温度計とタイマーで確認する。

④ できなかった場合
　煮釜および加熱のための設備（ボイラーなど）の点検を実施する。明らかに煮沸不足である場合は、再煮沸するか、または廃棄する。

(6) 充填豆腐の加熱・殺菌温度・時間の確認

① なぜ必要なのか
　加熱温度、時間が不足すると、微生物が残存する可能性と凝固不足になる可能性があるからである。適切な加熱温度と時間で管理する必要がある。

---

[2] セレウス菌は土壌細菌の一つで、土壌・水・ほこりなどの自然環境や農畜水産物などに広く分布している。この菌は耐熱性（90℃60分の加熱でも死滅しない）の芽胞を形成する。増殖しやすい温度は28～35℃である。また、嘔吐の症状を起こす毒素も熱に強く、126℃90分の加熱でも分解しない。

② いつ
充填豆腐の加熱・殺菌時である。

③ どのように
90℃以上で40分間または同等以上に加熱する。温度計とタイマーで確認する。

④ できなかった場合
加熱装置の点検を実施する。明らかな加熱不足が発覚した場合には、再度適切な加熱を行うか、または廃棄する。

（7） 販売ケース、冷蔵庫、チラー水冷却槽の温度の確認

販売ケース、冷蔵庫、チラー水冷却槽の温度の確認は「絹ごし豆腐」「木綿豆腐」「充填豆腐」「寄せ豆腐」で必須である。

① なぜ必要なのか
豆乳には熱に強い菌が残っているため、速やかにかつ充分に温度が下がっていないと、病原性微生物が増殖し、製品が腐敗する恐れがあるからである。

② いつ
毎日、午前と午後に1回ずつ温度を確認する。

③ どのように
2～10℃で管理する。

④ できなかった場合

「冷却装置の設定温度を下げる」「冷蔵時間を延長する」など、適切な措置をして速やかに、充分冷却すること。

なお、本節(5)〜(7)項のすべてにおいて、温度計は1年に1回以上は校正を行うことが重要になる。校正の方法は、**4.5節(8)項**を参照してほしい。また、タイマーも定期的に校正が必要となるので、時報（117番）などを利用して確認し、これら校正の記録も残しておく。

4.8 重要管理のポイントの作成：小規模な惣菜製造事業者向け

2018年11月現在、惣菜工場向けの手引書は公表されていないため、以下について、公益社団法人日本食品衛生協会が作成した手引書「小規模な一般飲食店事業者向け HACCPの考え方に基づく衛生管理のための手引書」を参考にしている。

(1) 焼き物の重要管理のポイント

4.3節の危険温度帯の解説を参照する。焼き物で重要となるのは加熱温度と時間の管理である。

(2) 焼き物の加熱温度と時間の確認

① なぜ必要なのか

加熱温度や時間が不足すると微生物が残存し、腐敗や食中毒につなが

る恐れがあるからである。

② いつ

例えば、「調理ごと」にするとよい。

③ どのように

例えば、ロットのなかで最も大きな商品(火の通りが悪そうなもの)の中心温度が75℃以上で1分間以上であることを温度計で確認する。

④ できなかった場合

例えば、再加熱する。もしくは廃棄する。

(3) 揚げ物の重要管理のポイント

4.3節の危険温度帯の解説を参照する。揚げ物で重要となるのは加熱温度と時間の管理である。

(4) 揚げ物の加熱温度と時間の確認

① なぜ必要なのか

加熱温度や時間が不足すると微生物が残存し、腐敗や食中毒につながる恐れがあるからである。

② いつ

例えば、「調理ごと」にするとよい。

③ どのように

「油の温度が170℃以上であること」「ロットのなかで最も大きな商品（火の通りが悪そうなもの）の中心温度が75℃以上で1分間以上であること」といったことを温度計で確認する。例えば、カキフライならば、「中心温度が85℃以上、1分間以上であること」を温度計で確認する。

④ できなかった場合

例えば、再加熱する。または廃棄する。

（5） 煮物の重要管理のポイント

4.3節の危険温度帯の解説を参照する。煮物で重要となるのは加熱温度と時間の管理である。

（6） 煮物の加熱温度と時間の確認

① なぜ必要なのか

加熱温度や時間が不足すると微生物が残存し、腐敗や食中毒につながる恐れがある。

② いつ

例えば、「調理ごと」にするとよい。

③ どのように

例えば、「釜内の温度が85℃以上、1分間以上であること」を確認する。これが固形煮物の場合なら、「ロットのなかで最も大きな商品（火の通りが悪そうなもの）の中心温度が75℃以上で1分間以上であること」

を温度計で確認する。

④　できなかった場合
　　例えば、再加熱する。または廃棄する。

（7）　佃煮の重要管理のポイント

　4.3節の危険温度帯の解説を参照する。佃煮で重要となるのは加熱温度と時間の管理である。

（8）　佃煮の加熱温度と時間の確認

①　なぜ必要なのか
　　加熱温度や時間が不足すると微生物が残存し、腐敗や食中毒につながる恐れがある。

②　いつ
　　例えば、「調理ごと」にするとよい。

③　どのように
　　例えば、「釜内の温度が85℃以上、1分間以上であること」を確認する。これが固形佃煮の場合なら、「ロットのなかで最も大きな商品（火の通りが悪そうなもの）の中心温度が75℃以上で1分間以上であること」を温度計で確認する。

④　できなかった場合
　　例えば、再加熱する。または廃棄する。

(9) お浸し、和え物の重要管理のポイント

お浸しや和え物で重要となるのは、加熱温度と時間および加熱後の素早い冷却管理である。

4.3 節の危険温度帯の解説や、4.5 節(2)項③の第 3 グループの解説も参照してほしい。

(10) お浸し、和え物の加熱温度と冷却管理

① なぜ必要なのか

加熱温度や時間が不足すると微生物が残存し、腐敗や食中毒につながる恐れがあるからである。また、加熱後の冷却が不十分である場合、加熱しても残っている微生物や、加熱後に付着した有害な微生物などが増えて腐敗や食中毒が発生する可能性がある。

② いつ

例えば、「調理ごと」にするとよい。

③ どのように

例えば、「釜内の温度が85℃以上、1分間以上であること」を温度計で確認したら、その後、冷却機で粗熱をとり、冷蔵庫で冷却する。

④ できなかった場合

例えば、再加熱する。または廃棄する。あるいは、再冷却する。

4.9 おわりに

　HACCPを導入する目的は、自社の衛生管理を見える化し、食中毒の発生を予防することである。HACCPの導入を急ぐあまりに土台となるべき食品衛生7S(一般衛生管理)を疎かにしてしまうと重大事故につながってしまう。HACCPの土台は食品衛生7S(一般衛生管理)なのである。

　HACCPは承認を得ることが目的ではなく、安全な食品を製造するための手段であるため、手順書や記録書類を作成するだけでなく、それらを活用して実施することが重要なのである。

第4章の参考文献
[1]　京都府：「京の食品安全管理プログラム導入の手引」(http://www.pref.kyoto.jp/shokupro/haccp.html)
[2]　日本食品衛生協会：「小規模な一般飲食店事業者向け　HACCPの考え方に基づく衛生管理のための手引書」(http://www.n-shokuei.jp/eisei/haccp.html)
[3]　厚生労働省：「HACCP(ハサップ)の考え方を取り入れた食品衛生管理の手引き(飲食店編)」(https://www.mhlw.go.jp/stf/seisakunitsuite/bunya/0000161539.html)
[4]　厚生労働省：「食品等事業者の衛生管理に関する情報」「(2)大量調理施設(学校、社会福祉施設等)の衛生管理に関する情報」(https://www.mhlw.go.jp/stf/seisakunitsuite/bunya/kenkou_iryou/shokuhin/syokuchu/01.html)
[5]　厚生労働省：「HACCPの考え方を取り入れた衛生管理のための手引書(小規模な豆腐製造事業者向け)」(https://www.mhlw.go.jp/stf/seisakunitsuite/bunya/0000179028.html)
[6]　全国スーパーマーケット協会：「スーパーマーケットにおけるHACCPの考え方を取り入れた衛生管理のための手引書」(http://www.super.or.jp/?p=9644)
[7]　大阪府：「食品衛生いろはの「い」」「第13回：ステップ6『特に重要な対策』をルール化し見える化する」(http://www.pref.osaka.lg.jp/shokuhin/magajin/iroha2.html)

索　引

【英数字】

3定　48
4つの鍵となる要素　22
5S活動　32, 33, 42-44, 81
ATPルミテスター　55
CCP（Critical Control Point）　3, 80, 92, 93
　　——の設定　104, 126
CIP洗浄　53
Codex-HACCP　iv
Fight Bac!　5
From Farm To Table　22
FSMS　25
HA　80
HACCP　iii, 2
　　——チーム　82
　　——に沿った衛生管理　iii-v, 2, 27-29
　　——に基づく衛生管理　30-32, 38, 80, 81, 132
　　——の7原則12手順　13, 20, 89, 96, 109
　　——の考え方を取り入れた衛生管理　iv, 30, 31, 33, 34, 38, 132, 137, 155, 171
　　——の手引書　33
　　——プラン　32, 82, 106-109, 112, 128-130
ISO 22000：2018規格　2
NPO法人食品安全ネットワーク　iv
PAS 220　24

PDCA　71
Pillsbury　10
WHOの5つの鍵　6
X線探知機　3

【ア　行】

アレルゲン　49, 83, 138
泡洗浄　53
いつ　137, 139, 141, 144, 147, 150, 176, 177, 179-182
一般衛生管理　v, 15, 18, 21, 23, 24, 27-31
　　——のポイント　133, 137, 165, 173
一般消費者　84
遺伝子組み換え食品　138
異物混入　64
飲食店編　155
衛生管理計画　v
　　——の策定　132
エンテロトキシン　21
黄色ブドウ球菌　21

【カ　行】

回収手順　154
化学的な危害要因　80, 87, 88, 94
確認・記録　132
危害要因分析　80, 85, 89, 102, 112
　　——表　90, 97-102, 117-126
危険温度帯　135, 136
キックオフ大会　70, 81
技能実習生　58
金属探知機　3, 91

185

索　引

金属片の混入　65
計画にもとづく実施　132
原材料の管理　137
原材料名　138
原料原産地　138
高圧洗浄　53
コンタミネーション　93
昆虫混入　68

【サ　行】

殺菌　54-56
残留農薬　92
施設の衛生管理　44
躾　57-59
習慣　44
従業員の教育・訓練　151
従業員の衛生管理　150
充填工程　116
重要管理のポイント　133
　──の作成　155, 171, 178
樹脂片の混入　66
小規模食品工場　171
小規模な惣菜事業者向け　178
小規模な豆腐製造事業者向け　173
使用水等の衛生管理　44
使用する水の管理　144
焼成工程　116
食中毒予防3原則　4
食品安全マネジメントシステム　25
食品衛生7S　v, 44, 45, 60
　──の導入方法　68-72
　──委員会　68
　──巡回　71
　──成果発表会　71
　──の効果　72

食品製造におけるHACCP入門のための手引書　32
食品取扱設備等の衛生管理　44
食品等の取扱い　44
食品に使用する水の衛生条件　145
初発大掃除の実施　70
心配事　85
「心配事」と「危害」の違い　85-87
清潔　44, 59, 60
　──な製造施設の確保と維持　140
製造工程図（フローダイヤグラム）
　114, 115
清掃　44, 51-53
生物的な危害要因　80, 87, 88, 94
整頓　44, 48-51
製品説明書　83, 110, 111
整理　44, 46, 47
全社的品質管理活動　16
洗浄　53, 54
前提条件プログラムPRP　23
総合衛生管理製造過程　21, 61
そ族及び昆虫対策　44

【タ　行】

第1グループ　156, 158, 159
第2グループ　156, 158, 160
第3グループ　156, 158, 161, 162
対象消費者の確認　85
腸管出血性大腸菌O157　13
付けない　4
定位　48
定位置管理　49
定品　48
定量　48
できなかった場合　138, 139, 141,

186

索　引

　　144, 147, 150, 176, 177, 179-182
手順0　　81, 109
手順6（原因1）の危害要因分析　　82
デミング博士　　16, 17
トイレの洗浄・殺菌　　142
どのように　　137, 139, 141, 144, 147,
　　150, 176, 177, 179-182

【ナ　行】

なぜ必要なのか　　137, 139, 140, 144,
　　146, 150, 176, 177
ネズミ・昆虫の防除　　146
粘着ローラー　　58
ノロウイルス　　62

【ハ　行】

廃棄物及び排水の取扱い　　44
排水および廃棄物の管理　　148
必須管理点　　3, 80

ピルズベリー社　　10
物理的な危害要因　　80, 87, 88, 95
増やさない　　4
フローダイヤグラム　　85, 112
　──の現場確認　　85
米国食品医薬品局（FDA）　　20
米国農務局（USDA）　　20

【マ　行】

ミキシング（混合攪拌）工程　　116
毛髪混入　　67

【ヤ　行】

やっつける　　5
遊離残留塩素　　14

【ラ　行】

冷蔵・冷凍庫の温度管理　　139, 140

著者紹介

【監修者】
NPO 法人食品安全ネットワーク

　1997(平成 9)年 7 月に結成されて以来、食品産業を基本として、会員間における異業種交流を深めるためのネットワークづくりを行ってきた。基本コンセプトとして「①　食品産業の衛生・安全に関する総合シンクタンクを目指す」「②　HACCP システムの導入、指導、教育をコンサルティングする」「③　食品製造の衛生管理コンサルティング」「④　会員相互の友好と親睦を図り、情報交換ネットワークづくりを行う」を掲げている。具体的な活動としては、「会報誌の発行(2 カ月ごと)」「企業サロン、講演会サロン、工場見学会などの開催(2 カ月ごと)」「講習会などの開催(年間 4～5 回)」などが挙げられる。

【編著者】
角野　久史(すみの　ひさし)(担当箇所：まえがき、3.1～3.5 節)

　㈱角野品質管理研究所代表取締役。NPO 法人食品安全ネットワーク理事長。京都生協に入協後、支部長、部長、ブロック長を経て、組合員室(お客様相談室)に配属。以来、クレーム対応、品質管理業務に従事する。その後、㈱コープ品質管理研究所の設立を経て、現在に至る。(一社)京都府食品産業協会理事、きょうと信頼食品登録制度審査委員、京ブランド食品認定ワーキング・品質保証委員会委員、(一社)日本惣菜協会「JmHACCP」審査委員長。

米虫　節夫(こめむし　さだお)(担当箇所：まえがき、第 1 章)

　大阪市立大学大学院工学研究科 客員教授、工学博士。大阪大学工学部を卒業後、大阪大学薬学部助手、近畿大学農学部講師・助教授・教授を経て、現在に至る。
　日本防菌防黴学会顧問(元会長)、NPO 法人食品安全ネットワーク最高顧問(前会長)、PCO 微生物制御研究会会長、『環境管理技術』誌 編集委員長、『食生活研究』誌編集委員長、微生物制御システム研究部会顧問(元部会長)、元㈱赤福コンプライアンス諮問委員会委員、元 ISO 9001 主任審査員、元デミング賞委員会委員。

【著者】

花野　章二(はの　しょうじ)（担当箇所：第2章）
　㈱食品の品質管理研究所代表取締役。大学卒業後37年間、食品会社において品質管理業務に従事した経験を生かし、食品衛生・品質管理コンサルタントとして起業。近畿大学農学部水産学科非常勤講師、奈良県HACCP認証制度アドバイザー、きょうと信頼食品登録制度検査員、NPO法人食品安全ネットワーク理事。

佐古　泰通(さこ　やすみち)（担当箇所：3.6節）
　㈱石田老舗品質管理室。2008年、奈良大学社会学部卒業。以来、和菓子を主に扱う問屋にて品質管理業務を学ぶ。現在、焼菓子メーカーにて食品表示を主な業務とした品質管理業務に従事。

柳生　麻実(やぎゅう　まみ)（担当箇所：第4章）
　コプロ㈱商品事業部用度・品質管理グループ。1997年、京都工芸繊維大学応用生物学科卒業。以来、食品工場のインスペクション調査、工場監査、スーパーマーケットのインストア調査や飲食店の店舗衛生調査、および食品表示確認やクレーム対応といった食品の品質管理業務に従事。

食品衛生法対応　はじめての HACCP
―実例でわかる HACCP 制度化への対応―

2018 年 12 月 25 日　第 1 刷発行
2020 年 12 月 3 日　第 5 刷発行

監修者　NPO 法人 食品安全ネットワーク
編著者　角野　久史　　米虫　節夫
著　者　花野　章二　　佐古　泰通
　　　　柳生　麻実
発行人　戸羽　節文

発行所　株式会社 日科技連出版社
〒 151-0051　東京都渋谷区千駄ケ谷 5-15-5
DS ビル
電　話　出版　03-5379-1244
　　　　営業　03-5379-1238

検印
省略

Printed in Japan

印刷・製本　壮光舎印刷

© Hisashi Sumino, Sadao Komemushi et al. 2018
ISBN 978-4-8171-9660-6
URL http://www.juse-p.co.jp/

本書の全部または一部を無断でコピー、スキャン、デジタル化などの複製をすることは著作権法上での例外を除き禁じられています。本書を代行業者等の第三者に依頼してスキャンやデジタル化することは、たとえ個人や家庭内での利用でも著作権法違反です。